变电设备故障
案例分析

邓 勇 李 林 编 著

茹秋实 王 超 刘 勇 李梓玮 沈大千 柳 强 郑永康 黄华林 参编人员

项目策划：毕　潜
责任编辑：毕　潜
责任校对：胡晓燕
封面设计：墨创文化
责任印制：王　炜

图书在版编目（CIP）数据

变电设备故障案例分析 / 邓勇，李林编著． — 成都：四川大学出版社，2021.12
ISBN 978-7-5690-5191-9

Ⅰ．①变… Ⅱ．①邓… ②李… Ⅲ．①变电所—电气设备—故障诊断—教材 Ⅳ．①TM63

中国版本图书馆 CIP 数据核字（2021）第 239067 号

书名　变电设备故障案例分析

编　　著	邓　勇　李　林
出　　版	四川大学出版社
地　　址	成都市一环路南一段 24 号（610065）
发　　行	四川大学出版社
书　　号	ISBN 978-7-5690-5191-9
印前制作	四川胜翔数码印务设计有限公司
印　　刷	四川盛图彩色印刷有限公司
成品尺寸	185mm×260mm
印　　张	14
字　　数	359 千字
版　　次	2022 年 1 月第 1 版
印　　次	2022 年 1 月第 1 次印刷
定　　价	148.00 元

◆ 读者邮购本书，请与本社发行科联系。
电话：(028)85408408/(028)85401670/
(028)86408023　邮政编码：610065
◆ 本社图书如有印装质量问题，请寄回出版社调换。
◆ 网址：http://press.scu.edu.cn

四川大学出版社
微信公众号

前　言

为提高电力系统变电运维检修人员、管理人员的技术水平，培养“运维全科医生”和“检修专科医生”，重新修订《变电设备故障案例分析》。

《变电设备故障案例分析》一书于 2013 年 10 月由四川科学技术出版社出版。根据近几年变电设备故障的新情况，以及对第一版中案例的后续跟踪验证，我们发现书中存在部分不准确的内容。同时，我们对变电故障进行了深入思考，发现了很多规律性的结论。因此，有必要进行重新修订。经与有关方面商量，本书在第一版的基础上由德阳供电公司的邓勇和李林主编。

本书在章节上进行了大幅调整，增加了变压器绕组变形案例、变压器绝缘故障案例、开关柜案例、其他设备案例共四个章节，删减了断路器故障案例。

本书可作为电力系统电力企业各级变电运检人员的培训参考书。本书包含变电设备运行过程中最真实的情况和最新实践，很多措施都是在对大量设备事故深入分析和总结经验的基础上提炼出来的，各使用单位可根据自身实际情况予以选择。

本书由德阳供电公司罗飞高级工程师主审，在此深表谢意。

由于编者水平有限，不妥和错误之处在所难免，敬请读者批评指正。

编　者

2021 年 10 月

目　录

第1章　变压器直流电阻案例

本章收集了常见的变压器直流电阻缺陷，通过对变压器直流电阻数据分布规律的分析，归纳了常见的四种类型缺陷，试验人员可以通过直流电阻数据的分布规律快速准确地定位缺陷部位。

1.1　变压器直流电阻测试相关基础知识

1.1.1　变压器直流电阻测试的意义

直流电阻测试是变压器试验中一个重要的试验项目，无论是过去的预防性试验，还是现在的状态检修，都将其列为必做项目。通过测量变压器绕组的电阻，可以对整个载流回路的完好性进行检查，判断绕组接头的焊接质量，分接开关各个位置接触是否良好，绕组或引出线有无折断、断股，层、匝间有无短路等。因此，变压器直流电阻测试具有重要意义。

1.1.2　变压器的载流回路结构

1.1.2.1　载流回路

直流电阻试验的检查对象为变压器载流回路，高压绕组载流回路相较低压绕组更复杂，节点更多，下面对高压绕组载流回路的结构进行介绍。图1－1是常见的有载调压

（M型分接开关）变压器高压绕组回路结构，以导体的连接点（焊点、螺丝连接点）为限，从出线端子开始至中性点出线，其载流回路包括出线端子套管引出线、绕组引线、主绕组、调压绕组、调压开关、中性点引线、中性点端子套管引出线。

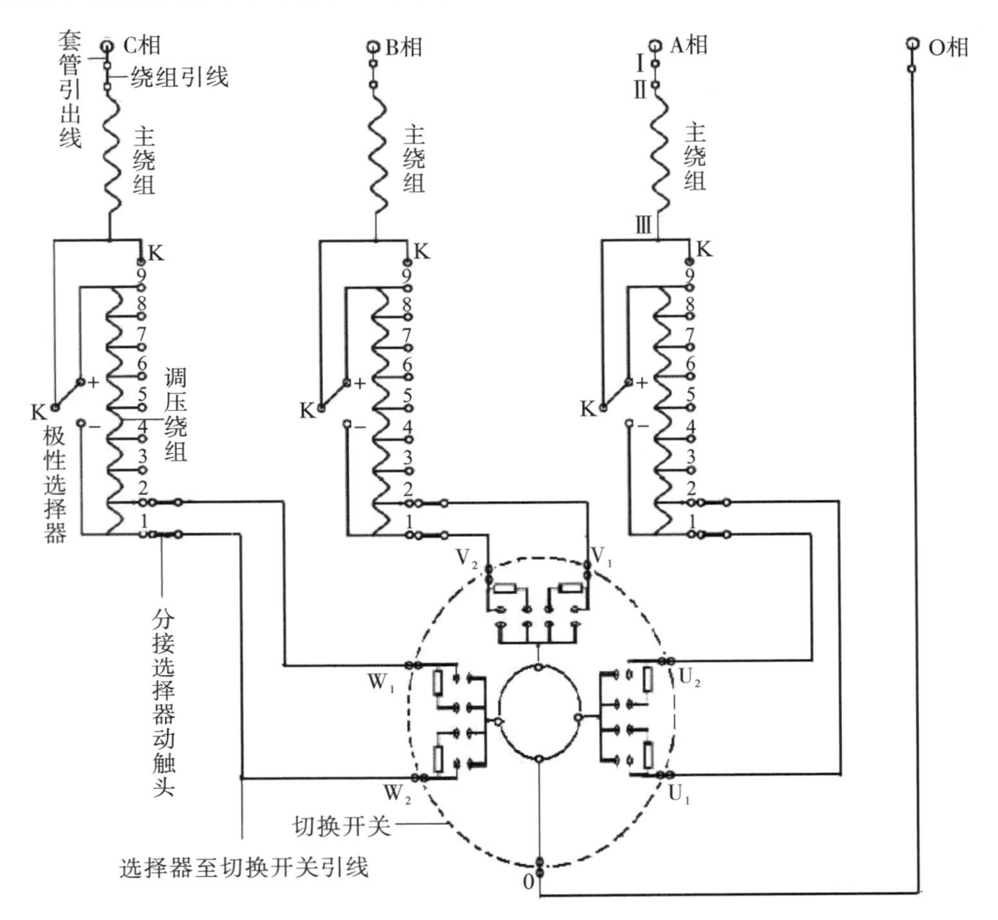

图 1－1　变压器高压绕组回路结构

由图 1－1 可以看出，不管测试哪一个挡位，主绕组一直接入载流回路，当主绕组存在直流电阻缺陷时，每一个挡位都会有反映，因此，主绕组缺陷相对容易判断。但随挡位的不同，有载分接开关的状态也不同，调压绕组接入载流回路的区域也不同。如果调压开关和调压绕组出现故障，直流电阻就会表现出不同的分布规律，因此，要了解直流电阻数据分布规律，必须先了解有载分接开关的工作原理。

1.1.2.2　M 型有载调压开关的工作原理

有载调压开关的工作原理如图 1－2 所示。从图中可以看出，有载开关由分接选择器和切换开关两部分构成。当调压绕组与主绕组绕向一致（即励磁方向一致）时，按绕向从上至下编号为 9～1 共 9 个分接抽头。当极性选择器处于“+”位置时，调压绕组中电流方向与主绕组一致；当极性选择器处于“－”位置时，调压绕组中电流方向与主绕组相反。因此，当极性选择器处于“＋”，1分接流出时，变压器变比最大；当极性选择器处于“－”，9分接流出时，变压器变比最小。分接选择器和切换开关为单、双两条电流回路，两条回路交替切换。

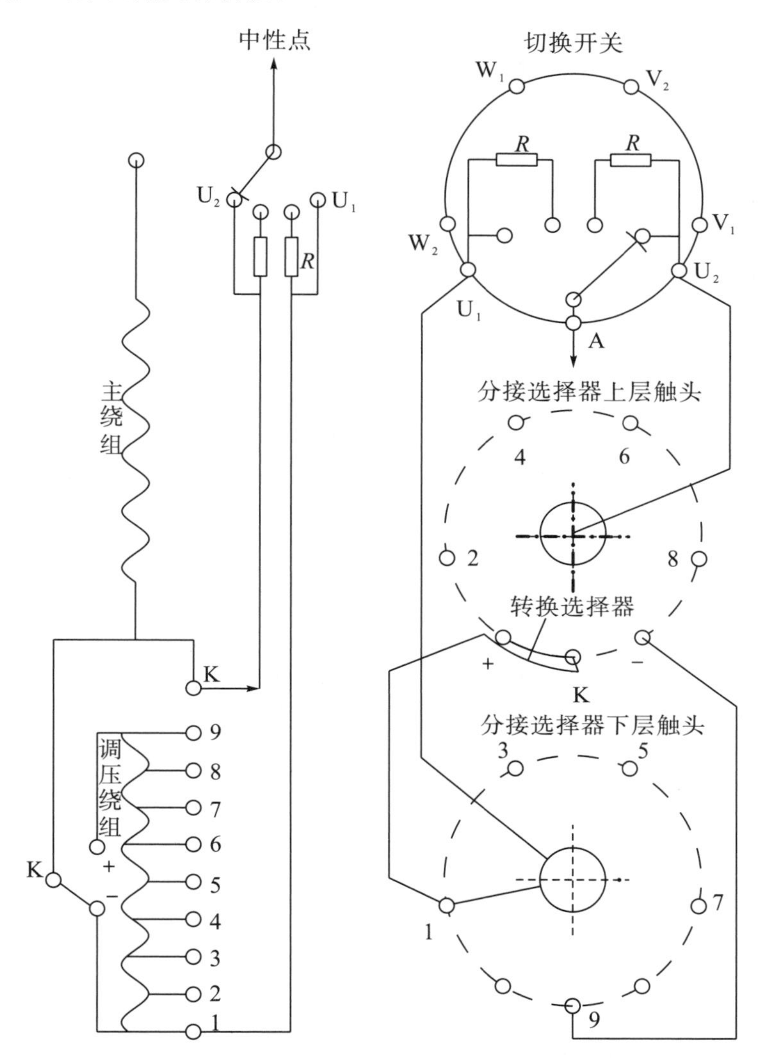

图1－2　±8级正反调压有载分接开关的工作原理

变压器处于奇数挡位时，负荷电流从单数电流回路通过，当挡位变化时，先由分接选择器的双数触头将调压绕组双数抽头选中，再由切换开关将负荷电流从单数电流回路切换至双数电流回路。分接选择器动触头、极性选择器、切换开关三者的位置与实际调压级数和指示挡位的关系如图1－3所示。

指示位置	分接选择器位置	极性选择器位置	切换开关位置	变换方向	分接选择器触头位置		变换方向	分接选择器触头位置		调压级数
					上层	下层		上层	下层	
1	1		U_1	↓	2	1	↑	2	1	1
2	2		U_2		2	1		2	1	2
3	3		U_1		2	3		2	3	3
4	4		U_2		4	3		4	3	4
5	5	K+	U_1		4	5		4	5	5
6	6		U_2		6	5		6	5	6
7	7		U_1		6	7		6	7	7
8	8		U_2		8	7		8	7	8
9	9		U_1		8	9		8	9	9
10	K		U_2		K	9		K	9	
11	1		U_1		K	1		K	1	
12	2		U_2		2	1		2	1	10
13	3		U_1		2	3		2	3	11
14	4		U_2		4	3		4	3	12
15	5	K−	U_1		4	5		4	5	13
16	6		U_2		6	5		6	5	14
17	7		U_1		6	7		6	7	15
18	8		U_2		8	7		8	7	16
19	9		U_1		8	9		8	9	17

图 1-3　有载开关的工作位置

1.2　变压器直阻异常案例 1

1.2.1　简介

2011 年 3 月 26 日，在对某变电站Ⅲ＃主变进行大修前的高压试验中，发现主变高压绕组直流电阻不合格，双数挡位直流电阻互差不合格。

1.2.2　试验结果及分析

1.2.2.1　修前试验及分析

Ⅲ＃主变高压绕组直流电阻数据见表1—1。

表1—1　高压绕组直流电阻数据

挡位	A相（mΩ）	B相（mΩ）	C相（mΩ）	相间互差（%）
1	453.0	452.3	453.6	0.287
2	445.5	445.4	457.0	2.604
3	438.2	437.7	438.0	0.114
4	430.3	430.3	446.9	3.858
5	423.0	422.4	422.9	0.142
6	415.3	415.0	429.6	3.518
7	407.5	406.9	407.6	0.172
8	399.7	399.6	410.0	2.603
9a，9b，9c	390.8	390.3	403.3	3.331
10	399.2	399.2	410.3	2.781
11	406.9	406.6	407.5	0.221
12	414.5	414.4	429.5	3.644
13	421.9	421.7	422.7	0.237
14	429.8	429.7	440.0	2.397
15	437.3	437.0	437.8	0.114
16	445.1	444.8	452.4	1.709
17	452.6	452.4	453.3	0.199

由表1—1可以看出，偶数挡的高压C相绕组直流电阻偏大。绕组电路如图1—4所示，由于所有奇数挡直流电阻正常，所以主绕组和极性转换开关正常，所有偶数挡C相电阻偏大。由图1—4可以看出，故障应该在有载分接开关上，与偶数挡相关的电路部分有四个区域，分别是分接选择器触桥（区域1）、输出环和引线相连接部分（区域2）、抽出式引线部分（区域3）和切换开关动静触头部分（区域4）。

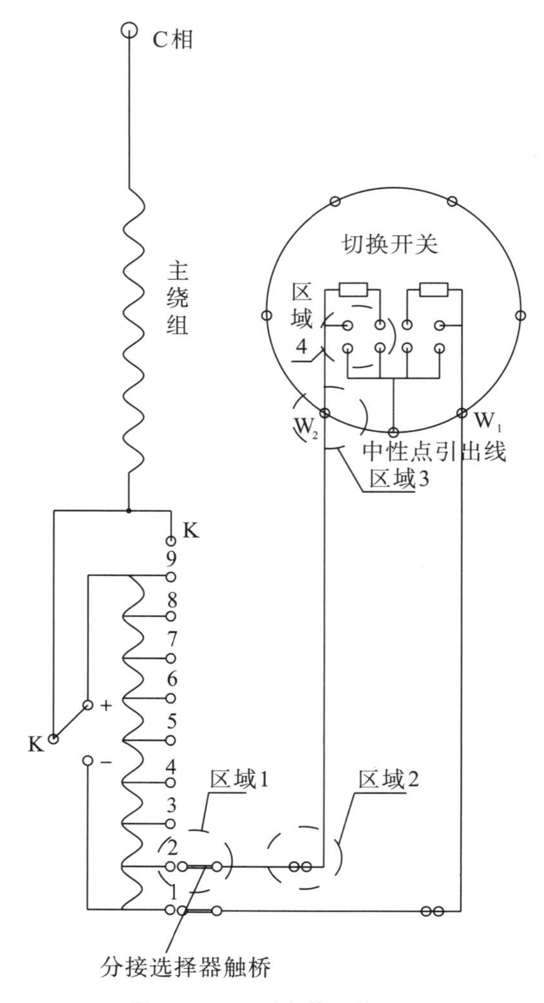

图 1-4 M 型有载开关原理

1.2.2.2 吊罩后试验与分析

吊罩后对有载开关回路进行分解测试，结果见表 1-2。R_{2-w_2} 为 2 分接至切换开关筒壁抽出式引线部分的电阻。由于这部分电阻三相都很小，不足 1 mΩ，而 C 相偶数挡比 A、B 相至少大 7.6 mΩ，因此，故障不会在这个区域，只有可能在切换开关的触头部分。对切换开关进行测试，结果见表 1-3。从测试结果可以看出，C 相偶数挡接触电阻严重超标，远远超过标准要求的小于 500 μΩ。

表 1-2 直流电阻数据分解测试结果

测试部位	A 相	B 相	C 相	不平衡率
主绕组	397.1 mΩ	396.8 mΩ	396.9 mΩ	0.076%
R_{2-w_2}	344.9 μΩ	397.0 μΩ	431.1 μΩ	

表 1-3　切换开关接触电阻测试结果

测试部位	A 相（μΩ）	B 相（μΩ）	C 相（μΩ）
双数侧	877.4	375.4	7870.0
单数侧	500.0	2050.0	2199.0

将切换开关解体检修，发现切换开关并未配置主触头，主通断触头严重烧损，烧损触头如图 1-5、图 1-6 所示。由于没有主触头，所以高压绕组电流仅靠主通断触头通流。由图 1-7 可以看出，在步骤（3）时，主通断触头断开，产生电弧，该电弧在电流第一个零位熄灭，K_1 断口处恢复电压 $U_{K_1}=IR$。主通断触头 K_1 在经过反复切换后触头就会被烧损。

图 1-5　C 相烧损触头（一）

图 1-6　C 相烧损触头（二）

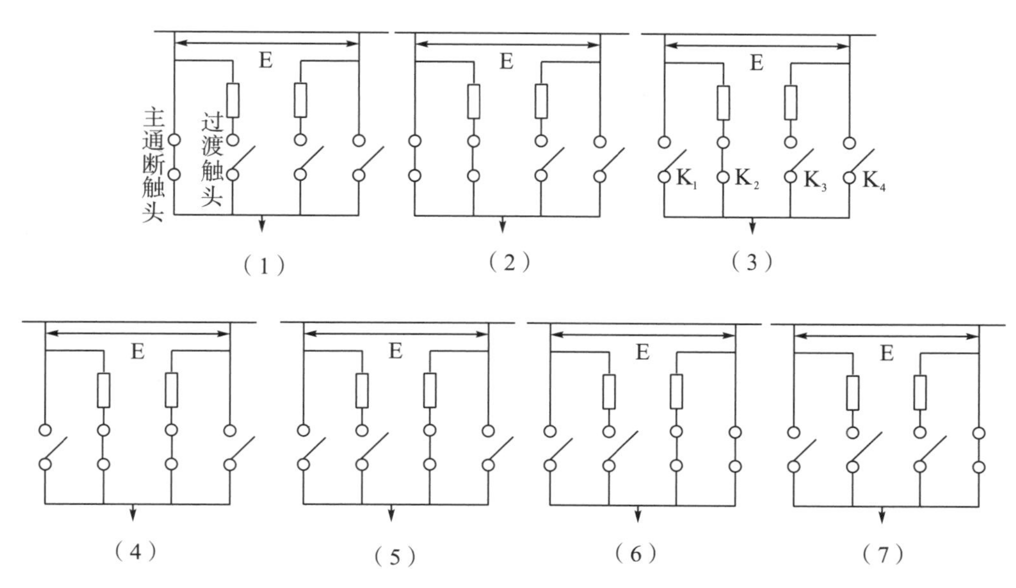

图 1-7　M 型切换开关的变换程序

吊罩前高压 C 相绕组偶数挡直流电阻平均比 A、B 相绕组大 10 多个毫欧，与吊罩后切换开关的测试结果不吻合，这是由于主通断触头烧损后，表面粗糙，接触电阻本身就存在较大的随机性，每次测试结果都不一致。另外，吊罩前，触头在油中，闭合时触头间存在一层油膜，油膜会使测试结果偏大。

1.2.2.3 修后试验结果

切换开关经过厂家人员的处理后，重新进行检查测试，修后切换开关接触电阻测试结果见表 1－4，修后高压绕组直流电阻测试结果见表 1－5。从修后试验结果可以看出，经过处理后，有载开关恢复正常。

表 1－4 修后切换开关接触电阻测试结果

测试部位	A 相（μΩ）	B 相（μΩ）	C 相（μΩ）
双数侧	215.0	151.9	108.2
单数侧	154.7	122.5	109.0

表 1－5 修后高压绕组直流电阻测试结果

挡位	A 相（mΩ）	B 相（mΩ）	C 相（mΩ）	相间互差（%）
8	409.5	409.3	409.2	0.073
9a，9b，9c	400.7	400.5	403.8	0.824
10	409.1	409.4	410.7	0.391
11	416.6	416.7	417.9	0.312
12	424.0	423.3	425.1	0.425
13	431.3	430.9	432.6	0.395
14	439.6	439.0	440.7	0.387
15	447.3	446.8	448.6	0.403
16	454.9	454.5	454.6	0.088
17	462.7	464.2	462.6	0.346

1.2.3 措施及建议

由此次缺陷可以看出，当直流电阻数据出现偶数（或奇数）挡位偏大时，可能是有载开关偶数（或奇数）挡位的回路出现故障，可能出现异常的位置如下：

（1）分接选择器偶数（或奇数）挡动触头磨损或松弛，与静触头接触不良。

（2）分接选择器动触头与至切换开关的引线之间的固定螺丝松弛。

（3）分接选择器至切换开关的引线与切换开关绝缘筒接点连接螺丝松动。

（4）切换开关上的弧形板外表面触头与绝缘筒内壁的触头接触不良。

（5）切换开关上的弧形板外表面触头至内层触头的引线固定螺丝松弛。

（6）切换开关弧形板内表面主触头的动、静触头之间接触不良，或存在烧蚀。

1.3　变压器直阻异常案例 2

1.3.1　缺陷简介

2009 年 7 月，在某变电站预试过程中发现某主变直流电阻异常，吊罩检查发现调压绕组 2 挡与 3 挡之间的绕组有匝间短路。

1.3.2　试验数据

1.3.2.1　交接试验数据

交接直流电阻见表 1—6，变比见表 1—7。

表 1—6　交接直流电阻

挡位	A_HO（mΩ）	B_HO（mΩ）	C_HO（mΩ）	δ（%）
1	433.8	436.2	438.2	1.01
2	425.9	428.4	430.5	1.08
3	417.2	420.3	421.2	0.96
4	409.6	411.9	413.5	0.95
5	403.6	406.6	407.5	0.97
6	391.6	395.6	395.7	1.05
7	383.4	387.0	387.3	1.02
8	375.9	379.2	379.6	0.98
9a，9b，9c	367.3	368.3	368.6	0.35
10	376.9	378.2	380.4	0.93
11	384.5	387.0	387.6	0.81

续表1－6

挡位	A_HO（mΩ）	B_HO（mΩ）	C_HO（mΩ）	δ（%）
12	391.1	394.3	395.2	1.05
13	401.7	403.2	404.8	0.77
14	407.9	411.0	412.2	1.05
15	417.3	419.9	421.7	1.05
16	424.9	427.8	429.4	1.06
17	433.5	436.7	438.6	1.18

表1－7　变比

挡位	变比	电压比实测偏差值（%）		
		A_HB_H/AB	B_HC_H/BC	C_HA_H/CA
1	11.523	+0.57	+0.49	+0.50
2	11.392	+0.54	+0.44	+0.46
3	11.261	+0.49	+0.41	+0.42
4	11.130	+0.45	+0.37	+0.38
5	11.000	+0.41	+0.33	+0.34
6	10.869	+0.37	+0.29	+0.30
7	10.738	+0.33	+0.25	+0.26
8	10.607	+0.29	+0.21	+0.21
9a，9b，9c	10.476	+0.25	+0.16	+0.18
10	10.345	+0.20	+0.12	+0.13
11	10.214	+0.15	+0.08	+0.09
12	10.083	+0.10	+0.03	+0.03
13	9.952	+0.06	−0.01	−0.00
14	9.821	+0.02	−0.05	−0.04
15	9.690	−0.02	−0.11	−0.10
16	9.559	−0.08	−0.16	−0.15
17	9.428	−0.12	−0.20	−0.20

1.3.2.2　首检试验数据

首检直流电阻见表1—8。

表1—8　首检直流电阻

挡位	A_HO (mΩ)	B_HO (mΩ)	C_HO (mΩ)	δ (%)
1	433.8	441.7	438.2	1.82
2	425.9	433.9	430.5	1.88
3	417.2	420.3	421.2	0.96
4	409.6	411.9	413.5	0.95
5	403.6	406.6	407.5	0.97
6	391.6	395.6	395.7	1.05
7	383.4	387.0	387.3	1.02
8	375.9	379.2	379.6	0.98
9a，9b，9c	367.3	368.3	368.6	0.35
10	376.9	378.2	380.4	0.93
11	384.5	392	387.6	1.95
12	391.1	398.8	395.2	1.97
13	401.7	408.7	404.8	1.74
14	407.9	416.0	412.2	1.99
15	417.3	425.4	421.7	1.94
16	424.9	433.3	429.4	1.98
17	433.5	441.7	438.6	1.89

1.3.2.3　预试数据

直流电阻见表1—9，变比见表1—10。

表1—9　直流电阻

挡位	A_HO (mΩ)	B_HO (mΩ)	C_HO (mΩ)	δ (%)
1	433.8	456.2	438.2	5.16
2	425.9	448.4	430.5	5.28
3	417.2	420.3	421.2	0.96
4	409.6	411.9	413.5	0.95
5	403.6	406.6	407.5	0.97

续表1－9

挡位	A_HO（mΩ）	B_HO（mΩ）	C_HO（mΩ）	δ（%）
6	391.6	395.6	395.7	1.05
7	383.4	387.0	387.3	1.02
8	375.9	379.2	379.6	0.98
9a，9b，9c	367.3	368.3	368.6	0.35
10	376.9	378.2	380.4	0.93
11	384.5	407	387.6	5.85
12	391.1	414.3	395.2	5.93
13	401.7	423.2	404.8	5.35
14	407.9	431.0	412.2	5.66
15	417.3	439.9	421.7	5.42
16	424.9	447.8	429.4	5.39
17	433.5	456.7	438.6	5.35

表1－10　变比

挡位	变比	电压比实测偏差值（%）		
		A_HB_H/AB	B_HC_H/BC	C_HA_H/CA
1	11.523	+0.57	−1.44	+0.50
2	11.392	+0.54	−1.49	+0.46
3	11.261	+0.49	+0.41	+0.42
4	11.130	+0.45	+0.37	+0.38
5	11.000	+0.41	+0.33	+0.34
6	10.869	+0.37	+0.29	+0.30
7	10.738	+0.33	+0.25	+0.26
8	10.607	+0.29	+0.21	+0.21
9a，9b，9c	10.476	+0.25	+0.16	+0.18
10	10.345	+0.20	+0.12	+0.13
11	10.214	+0.15	+0.8	+0.09
12	10.083	+0.10	+0.84	+0.03
13	9.952	+0.06	+0.89	−0.00
14	9.821	+0.02	+0.95	−0.04
15	9.690	−0.02	+0.99	−0.10
16	9.559	−0.08	+1.03	−0.15
17	9.428	−0.12	+1.08	−0.20

1.3.3　数据分析

（1）由预试数据可以看出，B相1、2、11、12、13、14、15、16、17挡直流电阻偏大，因此，可以排除主绕组和切换开关故障（主绕组故障会表现在所有挡位，切换开关故障会表现在单数挡或双数挡）。故障区域为调压绕组及其抽头，但若抽头出现问题，其异常应沿额定挡（9挡）对称分布。因此，可以将故障区域限定在调压绕组。

（2）1～8挡时，极性选择器处于“+”位置，1、2挡一直接入电流回路的2抽头至9抽头之间的调压绕组，又因为3～8挡时直流电阻正常，因此，3抽头至9抽头之间的调压绕组正常，故障区域为2抽头至3抽头之间的调压绕组。

（3）9a，9b，9c挡时，电流直接从主绕组尾端流入极性开关，再经过分接选择器和切换开关直接流入中性点，此时调压绕组并未接入载流回路，该挡位反映了主绕组和切换开关的情况，因此，9a，9b，9c挡位数据合格说明了主绕组和切换开关正常。

（4）10～17挡时，极性选择器处于“－”位置，11、12、13、14、15、16、17挡一直接入电流回路的1抽头至3抽头之间的调压绕组，又因为10挡时直流电阻正常，因此，1抽头与2抽头之间的调压绕组正常，故障区域为2抽头至3抽头之间的调压绕组。这与第（2）点中的分析结论一致。

综上所述，可以判断调压绕组2抽头至3抽头之间发生了匝间短路故障。

1.3.4　措施及建议

当调压绕组某挡直流电阻出现异常时，如果其他挡位的电流经过该挡位，那么这些挡位直流电阻将表现出异常现象。因此，通过有载调压开关换挡的规律和接线图，我们就能对故障挡位进行准确定位。

1.4　变压器直阻异常案例3

1.4.1　缺陷简介

在某变电站进行直流电阻测试时，数据出现C相中间挡以上的挡位均增大，因此，判断可能为极性选择器动静触头接触不良。对极性选择器进行多次切换后，第二次测试数据恢复正常。

1.4.2 试验数据

1.4.2.1 第一次测试数据

绕组直流电阻测量见表1－11。

表1－11 绕组直流电阻测量

	分接位置	A－O相（mΩ）	B－O相（mΩ）	C－O相（mΩ）	相间不平衡系数（%）
高压绕组	1	487.3	485.6	487.4	0.353
	2	478.1	477.0	478.1	0.237
	3	470.3	468.4	470.0	0.368
	4	461.0	459.8	461.0	0.271
	5	452.3	451.1	452.0	0.238
	6	443.7	442.4	443.5	0.292
	7	435.1	434.0	434.7	0.265
	8	427.0	425.3	426.8	0.356
	9、10、11	416.9	414.9	414.6	0.532
	12	430.3	426.2	435.6	2.174
	13	438.6	434.7	443.1	1.911
	14	446.8	443.1	452.0	1.988
	15	455.4	451.9	461.3	2.53
	16	464.1	460.5	469.5	1.943
	17	473.4	469.2	478.7	2.0
	18	481.1	477.6	482.6	1.042
	19	490.1	486.5	491.8	1.079
测试时间：2012年1月6日			环境温度：8.6℃	上层油温：6℃	环境湿度：64%

1.4.2.2 第二次测试数据

绕组直流电阻测量见表1－12。

表1—12　绕组直流电阻测量

	分接位置	A—O相（mΩ）	B—O相（mΩ）	C—O相（mΩ）	相间不平衡系数（%）
高压绕组	1	487.3	485.6	487.4	0.353
	2	478.1	477.0	478.1	0.237
	3	470.3	468.4	470.0	0.368
	4	461.0	459.8	461.0	0.271
	5	452.3	451.1	452.0	0.238
	6	443.7	442.4	443.5	0.292
	7	435.1	434.0	434.7	0.265
	8	427.0	425.3	426.8	0.356
	9、10、11	416.9	414.9	414.6	0.532
	12	426.6	425.3	428.7	0.782
	13	434.9	433.9	436.4	0.572
	14	443.6	442.5	444.7	0.501
	15	451.9	451.2	453.1	0.435
	16	461.0	459.8	461.3	0.334
	17	469.6	468.5	470.3	0.384
	18	478.3	477.1	478.7	0.333
	19	487.1	486.0	488.0	0.410
测试时间：2012年1月6日			环境温度：8.6℃	上层油温：6℃	环境湿度：64%

1.4.3　数据分析

第一次测试数据中12挡及以后直流电阻变大，此时极性选择器动作至“－”位置。由图1—8可以看出，中间挡以后的挡位都和极性选择器“－”位置连通，因此，如果极性选择器出现故障，12挡及以后的测试数据都会受到影响。

对极性选择器进行多次切换之后，直流电阻数据恢复正常。因此，可以判断出第一次直流电阻测试时数据异常的原因是变压器常年运行在1～9挡，极性选择器—位置分接长期未工作，因此表面产生金属氧化物，造成直流电阻偏大。

指示位置	分接选择器位置	极性选择器位置	切换开关位置	变换方向	分接选择器触头位置		变换方向	分接选择器触头位置		调压级数
					上层	下层		上层	下层	
1	1		U_1		2	1		2	1	1
2	2		U_2		2	1		2	1	2
3	3		U_1		2	3		2	3	3
4	4		U_2		4	3		4	3	4
5	5	K+	U_1		4	5		4	5	5
6	6		U_2		6	5		6	5	6
7	7		U_1		6	7		6	7	7
8	8		U_2		8	7		8	7	8
9	9		U_1		8	9		8	9	
10	K		U_2		K	9		K	9	9
11	1		U_1		K	1		K	1	
12	2		U_2		2	1		2	1	10
13	3		U_1		2	3		2	3	11
14	4		U_2		4	3		4	3	12
15	5	K−	U_1		4	5		4	5	13
16	6		U_2		6	5		6	5	14
17	7		U_1		6	7		6	7	15
18	8		U_2		8	7		8	7	16
19	9		U_1		8	9		8	9	17

图 1-8 有载开关的工作位置

1.4.4 措施及建议

本案例中，主变并不存在缺陷或异常，但可以看出在直流电阻测试时，将有载分接开关进行多次切换是有必要的。如果切换多次后中间挡位之前或之后的数据仍然异常，那么极性选择器的动静触头有可能出现缺陷。

1.5　变压器直阻异常案例4

1.5.1　故障简述

2010年4月19日，对110 kV某变电站Ⅰ#主变进行例行试验，发现主变高压侧直流电阻不平衡率超过20%，严重超过标准要求。同时，油色谱试验发现油中出现乙炔，含量为7.86 μL/L，超过注意值（5.0 μL/L）。

1.5.2　故障设备简况

主变型号：SZ10－40000/110，联结组标号：YNd11。绝缘水平，高压出线端子：LI/AC 480/200 kV，高压中性点：LI/AC 325/140 kV，低压出线端子：LI/AC 75/35 kV。2007年6月投入运行，直至2010年4月进行状态检修例行试验时发现缺陷。

1.5.3　故障前情况

运行方式：

某变电站单主变，110 kV侧为双母线通过母联130联络并列运行，10 kV侧为双母线通过母联930联络并列运行。

1.5.4　故障情况及原因分析

故障后试验情况：

故障后对主变进行了全面的诊断性试验，除了油色谱、直流电阻异常，其余试验（介质损耗角测量、绕组电容量、变比、绕组变形测试等）均正常。2009年10月29日，油色谱试验中乙炔含量为0 μL/L，但这次为7.86 μL/L，超过状态检修规程要求的注意值，绕组直流电阻高压侧C相直流电阻与最小相偏差超过20%。试验详细数据见表1－13。

故障原因分析：

从高压侧绕组直流电阻测试结果可以看出，其高压绕组C相直流电阻严重超标，并且C相每一挡都比其他两相大150 mΩ左右。因此，可以排除调压绕组和切换开关故障，因为如果故障发生在调压绕组，只会在部分挡位表现出互差不合格，如果故障出现在切换开关，那么互差只会反映在单数挡或双数挡。所以只有当故障发生在图1－9中主绕组的区域1、区域2和区域3部位时，才会使C相所有挡位都出现互差超标。现场对区域3套管接头部分进行检查，未发现紧固件有松动的现象。取下将军帽，直接测试引线头和中性点之间的直流电阻，相间不平衡系数与有将军帽时一样。因此，故障不可能发生在区域3，只可能位于区域1和区域2。

表1－13 绕组直流电阻测量

	分接位置	A－O相（mΩ）	B－O相（mΩ）	C－O相（mΩ）	相间互差（%）	
					计算值	试验标准
高压绕组	1	525.6	524	674.5	26.18	①1.6 MVA以上变压器，各相绕组电阻相间差别不应大于三相平均值的2%，无中心点引出的绕组，相间差别不应大于三相平均值的1%；②1.6 MVA以下变压器，各相绕组电阻相间差别不应大于三相平均值的4%，无中心点引出的绕组，相间差别不应大于三相平均值的2%；③与以前相同部位测得值比较，其变化不应大于2%
	2	516.1	514.8	663.6	26.36	
	3	506.6	505.3	653.9	26.79	
	4	497.2	496	644.7	27.24	
	5	488.3	486.8	635.7	27.74	
	6	478.8	477.5	626.2	28.20	
	7	469.4	468.3	616.7	28.66	
	8	460	459	607.5	29.19	
	9b	449.9	447.8	595.7	29.71	
	10	461.2	461.9	621.1	31.03	
	11	470.3	471.2	630.4	30.54	
	12	479.1	480.4	638.5	29.86	
	13	488.4	489.5	647.9	29.37	
	14	497.9	498.6	656.9	28.80	
	15	507.0	508.0	667.8	28.65	
	16	516.8	516.9	677.2	28.10	
	17	526.7	526.9	687.2	27.64	
低压绕组		ab	bc	ca	计算值	
		5.895	5.902	5.852	0.85	

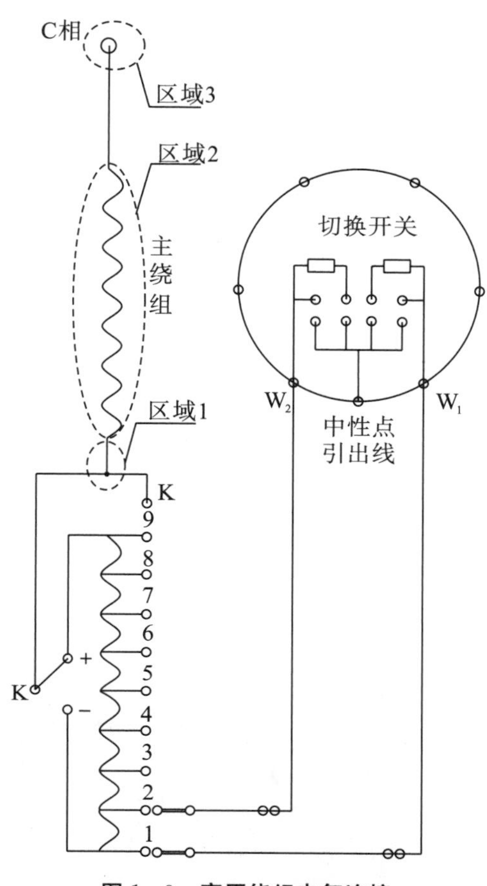

图 1—9　高压绕组电气连接

与2009年相比，乙炔含量突变，考虑到直流电阻的变化，可以肯定高压C相绕组发生了放电。由表1—14的色谱结果可以看出，放电故障不会在裸露的金属表面上。因为裸露的金属放电的特征气体以 H_2 和 C_2H_2 为主，其他特征气体比较稳定，不会有太大变化。考虑到其他烃类气体的增长和CO的变化，判定放电发生在主绕组上，并且损坏了绝缘。由于区域1是主绕组末端和有载分接选择器的连接部位，没有绝缘，为裸露的金属表面，因此，可以排除区域1发生故障的可能性。所以放电故障位于区域2的可能性极大。

表 1—14　历年色谱实验数据

单位：μL/L

试验日期	H_2	CO	CO_2	CH_4	C_2H_4	C_2H_6	C_2H_2	总烃	分析意见
2007年5月15日	16.58	30.18	241.69	0.93	0.11	0.10	0.00	1.14	符合新投标准
2007年7月6日	58.98	112.00	403.18	1.34	0.25	0.17	0.00	1.76	正常
2007年7月12日	71.06	129.87	444.31	1.50	0.28	0.17	0.00	1.95	正常
2007年7月21日	71.57	161.95	539.74	1.68	0.34	0.20	0.00	2.22	正常
2007年9月21日	93.30	251.47	698.08	2.09	0.54	2.23	0.00	2.86	正常

续表1－14

试验日期	H_2	CO	CO_2	CH_4	C_2H_4	C_2H_6	C_2H_2	总烃	分析意见
2008年9月3日	102.42	653.89	1843.23	5.13	1.71	0.62	0.00	7.46	正常
2009年10月29日	105.55	826.82	2408.37	8.19	2.49	1.13	0.00	11.83	正常
2010年4月19日	151.94	884.62	2281.88	16.5	12.5	1.94	7.86	38.87	乙炔超过注意值，三比值编码为102，故障性质为电弧放电

1.5.5 故障处理

根据试验结果，判定主变无法继续运行，由于故障涉及绕组绝缘的损伤，决定将主变返厂检修。吊罩后主变内故障处如图1－10所示，可以看出C相绕组存在明显烧损痕迹，放电故障发生在第一匝和第二匝之间，验证了之前故障分析的正确性。

图1－10 高压绕组存在明显烧损痕迹

1.6 本章小结

绕组缺陷发生部位和绕组直流电阻不平衡系数的分布规律有密切的联系，不同的缺陷部位会表现出不同的分布规律。因此，可以根据绕组直流电阻不平衡系数的分布规律初步判定绕组缺陷发生的部位，主要有以下四种类型：

（1）当单数挡或双数挡互差不合格时，缺陷可能位于切换开关。

（2）当所有挡位互差均不合格时，缺陷可能位于主绕组区域。

（3）互差不合格的挡位以中间整定挡为界，当出现半数挡位不合格时，缺陷可能位于分接选择器及其相关回路。

（4）当异常挡位的电流都经过某个固定挡位时，可能是该挡位的调压绕组出现异常。

判断出直流电阻异常区域后，结合其他试验项目可以更进一步判断缺陷性质，并对缺陷进行准确定位，为制定出最优的检修决策提供可靠的依据。

第 2 章　变压器绕组变形案例

2.1　相关基础知识

2.1.1　变压器短路故障损坏的基本原因

变压器短路故障发生后，根据磁势平衡原理，高低压绕组中电流方向总是相反，对于同心式绕组来说，它们相互推斥，即高压绕组受到向外拉伸的张力，低压绕组受到向内的压缩力，称为径向力（辐向力）。在同一个平面上沿绕组圆周力分布是均匀的。而对高、低压绕组本身来说，由于各匝流着同向的电流，故绕组的所有匝相互吸引，始终有两个作用力从绕组上下两端压紧，这个力沿着绕组的轴向，称为轴向力。

作用在变压器绕组上的电磁力远远超过正常负荷的短路电流，因此，变压器在遭受突然短路故障时，在变压器绕组内流过很多的短路电流，在与漏磁场的相互作用下，产生很大的电动力，且在大电流时绕组的温度上升很快，在高温下绕组导线变软，机械强度下降。若变压器抗短路强度不够（尽管这种暂态持续时间很短），变压器就会遭到损坏。由于三相有相角差，所以短路时总会有一相损坏最严重，另外两相较轻。值得注意的是，当高、低压绕组的高度不一致时，由于各绕组有不同长度的漏磁通，以及漏磁通在有分接头的绕组中有局部弯曲现象，所以这时将产生附加的电磁力。有时这种附加电磁力的轴向分量很大，作用于两端压板上，有可能将压板松开，因此，需用压钉将压板紧紧地压着，不能有所松动。

2.1.2　变压器短路故意损坏的主要形式

根据变压器在短路故障时绕组的受力特点，综合近年变压器因出口短路而发生损坏的各种情形，其损坏原因及主要形式如下。

2.1.2.1　轴向失稳

变压器绕组的轴向力是由端磁力线弯曲引起的，当内外绕组在高度上有差异或安匝分布有不平衡时，轴向力的问题尤其严重。绕组在轴向的受力情况很复杂。绕组本身是一个弹性元件，垫块是非线性的弹性体，绝缘油浸泡的垫块纸纤维有很大的阻尼作用，在电动力的冲击作用下，有一个振动的动态过程。垫块的机械特性和装配时的预紧力是保证轴向强度的关键。

在同一块压板下，要保证每个绕组都达到设计的预紧力，需要严格的材质控制和工艺过程。垫块必须用高密度的纸板制成。绕成的绕组必须用油压机加压到规定的压力测量和调整其高度。绕组在总装配时必须严格控制高度和相互间的高差。器身装配干燥后的最后压紧必须保证压板上的总压力。有的制造厂在油压机都不具备的条件下，生产出有绝缘压板的变压器，其轴向强度是无法保证的。

在短路事故分析中发现，新变压器在短路强度方面不及老变压器。老变压器绕组的轴向压紧结构比较复杂，每个绕组的端绝缘上有一个钢压板，每个钢压板分别用压钉与铁轭或铁芯相压紧。尽管这种设计比较落后，有许多缺点，但多年来很少发生绕组轴向短路引起垮塌的事故。新设计采用了先进技术，用绝缘压板代替钢压板，改进了绝缘性能，降低了附加损耗，然而忽视了短路强度问题。该类事故占整个损坏事故的 52.9%。

线饼上下弯曲变形。这种损坏是由于两个轴向垫块间的导线在轴向电磁力作用下，因弯矩过大产生永久性变形，通常两饼间的变更是对称的。

绕组或线饼倒塌。这种损坏是基于导线在轴向力作用下相互挤压或撞击，导致倾斜增加，严重时就倒塌；导线高度比例越大，就越容易引起倒塌。

绕组端部翻转变形。端部漏磁场除轴向分量外，还存在幅向分量，两个方向的漏磁所产生的合成电磁力致使内绕组导线向内翻转，外绕组导线向外翻转。

绕组升起将压板撑开。这种损坏往往是因为轴向力过大，端部支撑件强度、刚度不够，装配有缺陷等。

2.1.2.2　幅向失稳

这种损坏主要是在轴向漏磁产生的幅向电磁力作用下导致变压器绕组幅向变形，占整个损坏事故的 41.2%。

外绕组导线伸长导致绝缘破损。幅向电磁力企图使外绕组直径变大，作用在导线的拉应力过大会产生永久性变形。这种变形通常伴随导线绝缘破损而造成匝路间短路，严重时会引起绕组嵌进、乱圈而倒塌，甚至断裂。

内绕组导线弯曲或曲翘。幅向电磁力使内绕组直径变小，弯曲是由两个支撑（内撑条）间导线弯矩过大而产生永久性变形的结果。如果铁芯绑扎足够紧实及绕组幅向撑条有效支撑，并且幅向电动力沿圆周方向均布，那么这种变形是对称的，整个绕组为多边形和星形。然而，由于铁芯受压变形，撑条受支撑的情况不相同，沿绕组圆周受力是不均匀的，所以实际上常发生局部失稳形成曲翘变形。

2.1.2.3 引线固定失稳

这种损坏主要是由于在引线间的电磁力作用下，引线振动，导致引线间短路。这种事故较少见。

2.2 绕组变形案例 1

2.2.1 设备基本情况

某变电站Ⅰ＃主变容量为 120 MVA，沈阳变压器厂 1986 年生产并于 1987 年 11 月安装投入运行。设备铭牌参数见表 2－1。

表 2－1 设备铭牌参数

设备型号	SFPSZ4－120000/220	生产厂家	沈阳变压器厂
额定电压（kV）	220±8×1.5％/121/10.5	额定电流（A）	314.9/572.6/3299
出厂日期	1986 年 6 月	投运日期	1987 年 11 月
额定容量（kVA）	240000/240000/120000	联结组别	YNynod11
空载电流	0.46％	空载损耗（kW）	130.5
短路阻抗 高压－中压（％）	13.64	负载损耗 高－中（120 MVA）	545.6 kW
短路阻抗 高压－低压（％）	22.5	负载损耗 高－低（60 MVA）	194.1 kW
短路阻抗 中压－低压（％）	7.42	负载损耗 中－低（60 MVA）	128.5 kW
冷却方式	强迫油导向循环风冷（ODAF）	油重（t）	62
总重（t）	179.3		

2.2.2 设备异常及处理过程

Ⅰ＃主变从 1987 年 11 月投入运行，交接试验时低压绕组直流电阻出现不平衡现象，后经综合诊断，其他试验未见异常，此变压器一直处于监视运行状态。2008年“5·12”特大地震后，对该主变进行震后试验排查，发现主变低压侧绕组电容量变化值超过5%，绕组变形频响试验显示高、中压侧绕组有变形，2009年状态检修评价为严重状态。2010年3月12—13日主变停电，对1号主变进行了本体绝缘电阻、介损及电容量、直流电阻、绕组变形测试、变压器套管试验和变压器本体油色谱试验等诊断性试验。经试验，主变各项绝缘指标正常，油色谱也无异常，绕组变形图谱及低压直流电阻试验情况与上次无明显变化趋势。2010年9月，色谱例行试验发现Ⅰ#主变乙炔值突变至13 μL/L，超过了注意值。为了确保试验的准确性，通过对油样进行反复取样、反复试验，最终确定主变本体绝缘油中确实存在13 μL/L的乙炔。

2010年9月14—15日，通过两天的连续红外测试、铁芯接地电流测试、带电局放测试及油位、油温的运行监视，取主变油样进行金属含量测试等，排除了主变铁芯多点接地、有载开关串缸、潜油泵故障等故障可能。

2010年9月18—19日，对主变带电进行了超声波局部放电试验，26—27日，停电对主变进行了局部放电试验，发现主变局部放电量很小，未超过标准值。主变停电过程中，又对主变进行了本体绝缘电阻试验、介损及电容量、直流电阻、绕组变形、主变套管高压及油化试验等项目。

2010年10月12日，对主变进行内窥镜检查，在主变内部并未发现明显的放电痕迹。根据多项试验结果分析，决定将主变暂时投入运行并加强对主变的运行监视（缩短油色谱跟踪周期，首先按变压器新投标准进行跟踪，无异常后按每周一次进行跟踪，跟踪一个月无异常后，将跟踪周期调整至每月一次；加强运行红外测试及各项主变巡检项目）。经过近五个月的油色谱跟踪，该变压器乙炔无增长趋势，稳定在11～12 μL/L范围。

2011年2月19日7点44分，该站110 kV出线用户支线线路单相接地短路故障，光纤差动保护动作瞬时跳闸，389 ms后Ⅰ#主变重瓦斯保护动作，主变三侧开关跳闸。对主变进行了本体油色谱试验，此时油中乙炔含量已升高至54 μL/L，对主变进行了高压诊断性试验（包括主变本体绝缘电阻试验、介损及电容量试验、分接运行挡位的直流电阻试验、分接运行挡位的变比试验、绕组变形试验），查找故障原因，试验结果显示高压试验与2010年9月20日测试值无明显变化，油色谱乙炔值稳定在54 μL/L左右。

2011年2月21日，对该台主变进行了现场吊罩检查，发现主变铁芯烧损严重，A相低压线圈压环向上凸起，压钉螺丝绝缘件破损，压钉螺丝已插入夹件，压环和夹件的接地线已断裂。故障图片如图2-1、图2-2、图2-3、图2-4所示。

图 2—1　正常相压环

图 2—2　故障相压环

图 2—3　压环头对铁芯放电（一）

图 2—4　压环头对铁芯放电（二）

2.2.3　故障过程推测及分析

2.2.3.1　正常状态

主变为沈阳变压器厂 1986 年产品，每相由内到外分别为低压绕组、中压绕组、高压绕组和调压绕组，图 2—5 中只画出了低压绕组。每个绕组由一个金属压环固定，每个压环通过接地片单点接地，压环、压钉螺栓与夹件之间采用绝缘帽隔离。

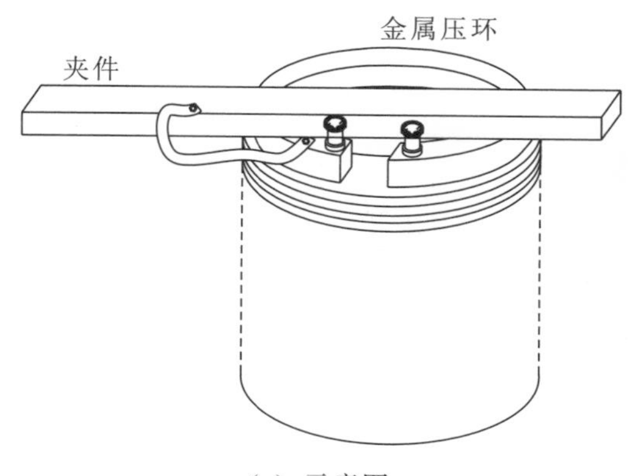

(a) 示意图

(b) 三维模拟示意图

(c) 实物图

图 2－5　正常状态

2.2.3.2　2010 年 3 月至 9 月期间短路状态推测

从上述试验数据看，该台主变在 2008 年地震过程中受到冲击，加上变压器又属于运行了 23 年的老旧变压器，造成主变本体内部部分紧固件出现松动，主变抗短路能力下降。

2010 年 3 月至 9 月期间，因外力破坏 110 kV 线路短路故障对Ⅰ♯主变造成了冲击。由于设计时线圈轴向安匝分布很难做到绝对平衡，所以必然存在辐向漏磁，低压线圈在辐向漏磁中会受到轴向力。对于这台主变来说，低压线圈受到轴向向上的电磁力（如图 2－6 所示），在轴向电磁力的作用下，低压绕组金属压环开口处便成了短路电磁力的释放通道。短路电动力使 A 相线圈低压绕组压环右边压钉螺栓与夹件之间的绝缘帽损坏（如图 2－7 所示），此时在夹件、压钉螺栓和压环间组成了一个封闭的金属环，当主磁通穿过该回路时会感应出电动势，感应电势和一匝绕组相当，此时压钉对夹件放电，产生乙炔。当短路故障消除后，短路电动力随之消失，线圈在自身刚性作用下向下回落，使压钉和夹件之间产生间隙（如图 2－8 所示），在第一个电流过零点时，电弧熄灭，主变恢复正常状态运行，因此，此后的监视运行过程中油中色谱无增长趋势。

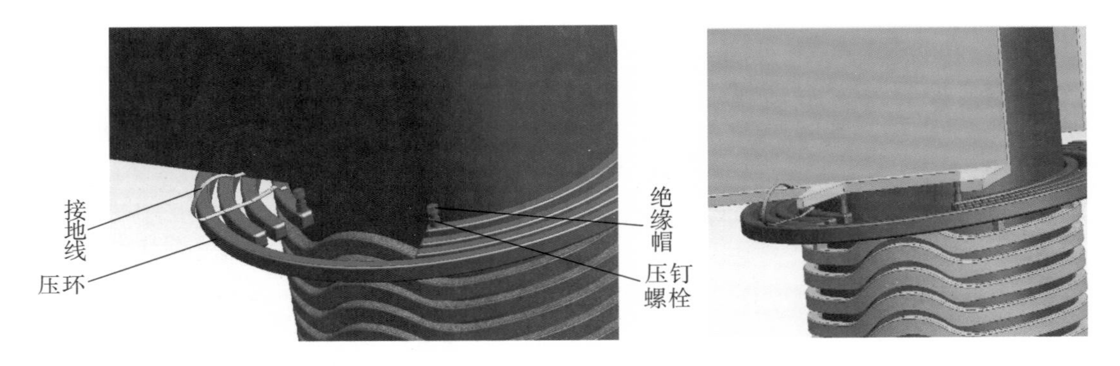

(a) 三维模拟示意图

(b) 实物图（矫正后）

图 2-6　绕组轴向向上变形

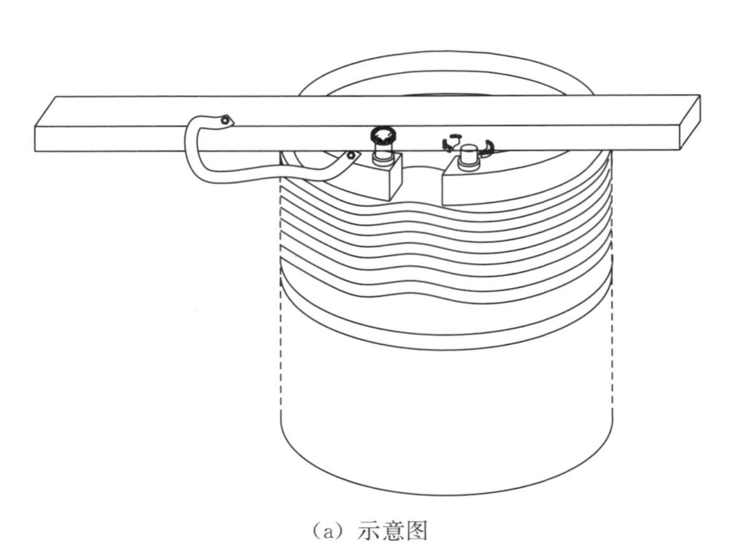

(a) 示意图

（b）三维模拟示意图

（c）实物图

图 2—7　A 相低压线圈压环右边绝缘帽损坏

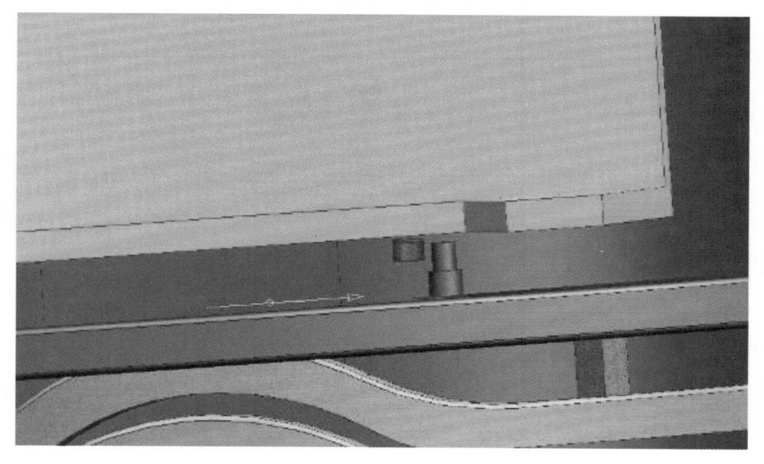

（a）短路力消失后压钉和夹件之间出现恢复间隙（三维模拟示意图）

（b）实物图

图 2－8　短路故障切除后绕组部分恢复

短路时绕组在轴向力作用下向上凸起，将压环及绝缘块向上顶，短路消失后，轴向向上的电磁力也消失了，绕组在自身弹性作用下部分恢复。图 2－8 中绝缘件间的间隙就是短路绕组恢复后产生的。

2.2.3.3　2011 年 2 月至 9 月期间短路状态推测

2011 年 2 月 19 日 7 点 44 分，220 kV 某变电站的 110 kV 某用户支线线路单相接地短路，主变低压绕组在轴向力的作用下又开始向上运动，造成 A 相线圈低压绕组压钉螺栓再次对夹件放电，同时巨大的短路电流使得线圈压环接地线熔断（如图 2－9 所示）。经过一段时间后，A 相线圈低压绕组左边压钉螺栓绝缘帽也被压坏（如图 2－10 所示），压环、压钉螺栓和夹件间形成短路环，由于压钉的电阻比夹件和压环的电阻大很多，所以压钉在短路电流的作用下被烧熔。

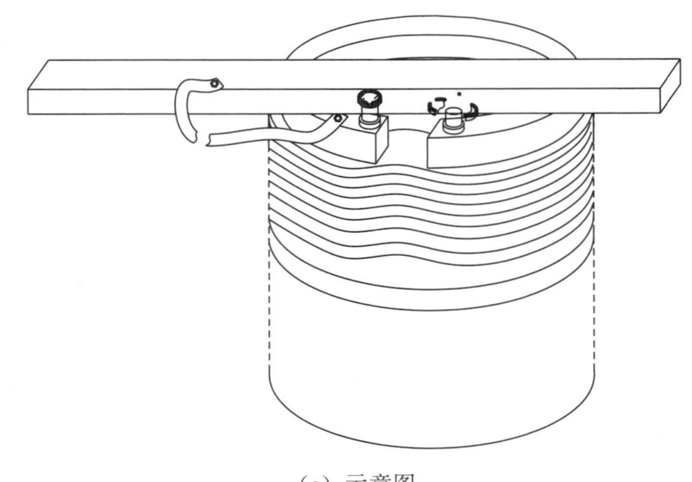

（a）示意图

(b) 三维模拟示意图

图 2-9　短路电流使接地线熔断

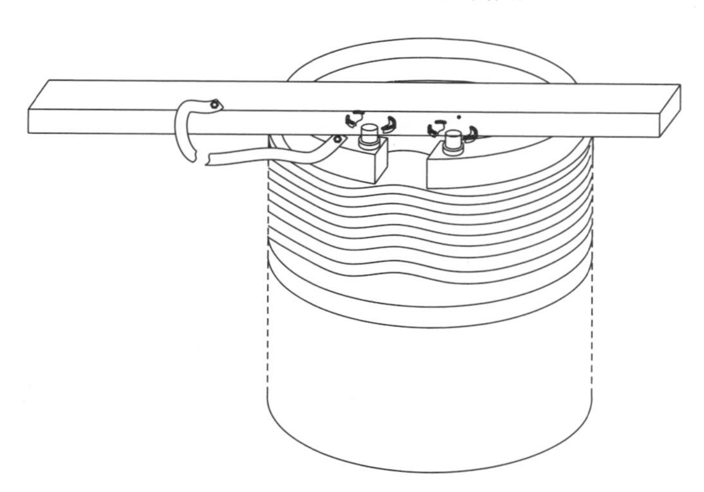

(a) 示意图

(b) 三维模拟示意图

（c）实物图

图 2—10　A 相低压线圈压环左右两侧压钉螺栓绝缘帽损坏

低压绕组压环开口部位被绕组向上顶起时，压环开口处和铁芯之间的间隙也越来越小，最终压环开口两端和铁芯接触，压环开口处被铁芯连通，形成回路，造成铁芯烧损。

2.2.4　故障原因分析

由故障过程可以看出，多次短路后引起绕组变形，最终导致主变烧损。该主变 220 kV 高压侧有调压绕组，运行于 4 挡，由于低压侧全部为电容路，低压绕组电流超前电压$\frac{\pi}{2}$，定义电流正方向从首端流向尾端为正，高、中、低绕组全部为逆时针绕制。在 $0\sim\frac{\pi}{2}$，$\pi\sim\frac{3\pi}{2}$范围内（如图 2－11 所示），高、低压绕组电流方向相反，低压绕组受到轴向压缩的应力。在$\frac{\pi}{2}\sim\pi$，$\frac{3\pi}{2}\sim 2\pi$ 范围内，高、低压绕组电流方向相同，低压绕组受到轴向拉伸的应力，因此，低压绕组受到交变的应力。在$\frac{\pi}{2}\sim\pi$ 范围内，根据电流的方向，低压绕组受力情况如图 2－12 所示。由图可以看出，调压绕组的存在使轴向安匝分布不平衡，产生辐向漏磁，使低压绕组产生向上、下两侧拉伸的应力。在研究拉伸应力产生的绕组变形时，普遍采用条件屈服极限 $\sigma_{0.2}$ 作为变形的解释标准，$\sigma_{0.2}$ 是绕组残余变形为 0.2%时对应的拉伸应力。

（1）当绕组导线受到的拉伸应力 $\sigma_m=\sigma_{0.2}$ 时，短路一次绕组的变形程度为 0.2%，但多次短路后由于变形的累积效应，会使绕组出现明显变形，短路次数较多时甚至会出现严重变形。

（2）当 $\sigma_m>\sigma_{0.2}$ 时，绕组变形的累积效应满足 $\Delta\sigma_k=a(N)^b$（$N=1,2,3,\cdots$）的约束，其中 $\Delta\sigma_k$ 为绕组的变形量，a，b 为经验系数，$0<b<1$，N 为短路次数。由图 2－13 可以看出，第一次短路产生的变形量最大，随着短路次数的增加，单次短路增量越来越小。

从整个绕组结构来看，由于绕组饼间有均匀分布的垫块，所以当绕组受到轴向压缩力时不易变形。当绕组受到轴向拉伸应力时，由于压环下面是均匀分布的绝缘垫块，所以处于压环下面的绕组不易变形，但在压环开口处下面的绕组由于没有有效的固定压紧的措施，在短路时极易受到短路力的冲击发生变形。

从主变端部压紧结构来看，高压、中压绕组有 8 颗压钉，低压绕组只有 4 颗压钉，由于低压绕组电流比高压绕组大，单颗压钉受到的压力远远高于高压绕组的压钉，因此低压绕组的压钉绝缘帽更易损坏。多次冲击后，低压绕组压环上的压钉绝缘帽损坏，压环形成短路环，将压钉熔化，压环开口处在短路力作用下向上运动，压环开口两头与铁芯接触，通过铁芯将压环连成封闭的回路，压环与铁芯接触处发生放电，导致铁芯烧损。

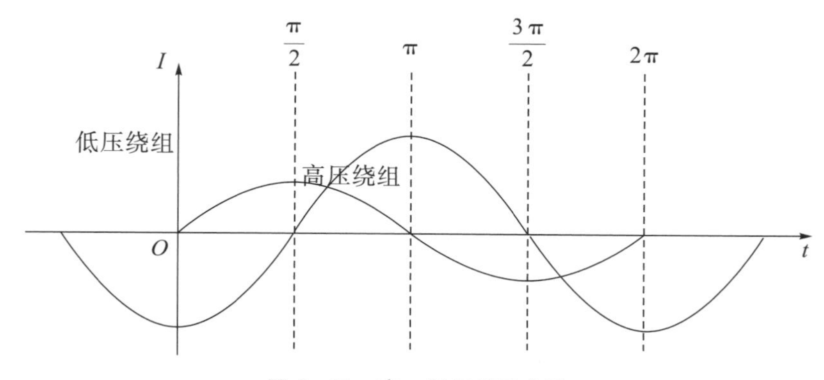

图 2－11　高、低压绕组电流

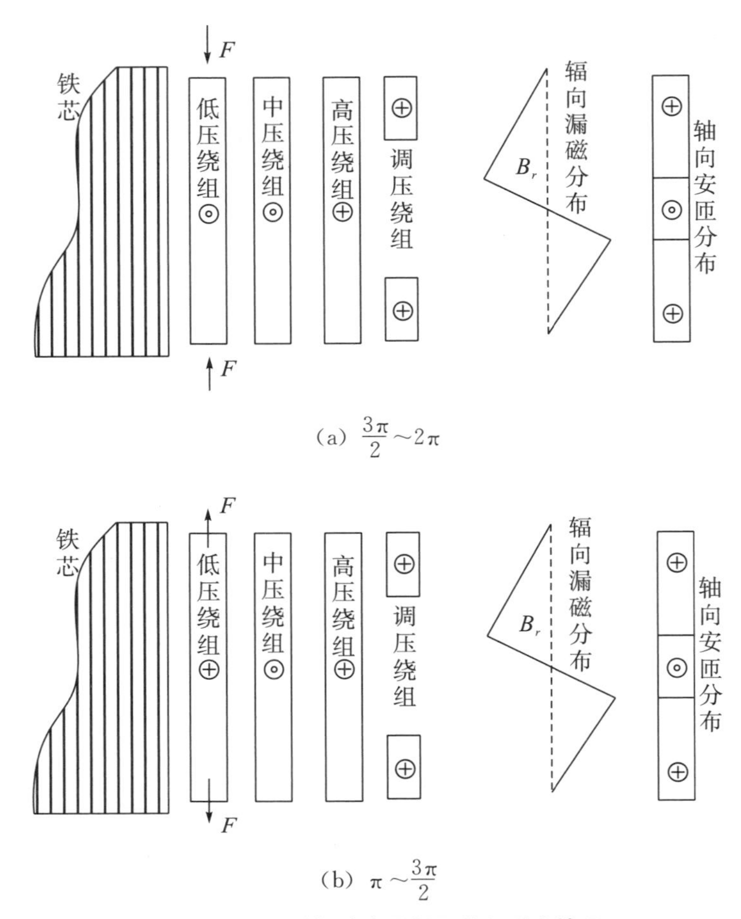

(a) $\frac{3\pi}{2}\sim2\pi$

(b) $\pi\sim\frac{3\pi}{2}$

图 2—12　漏磁场分布及低压绕组受力情况

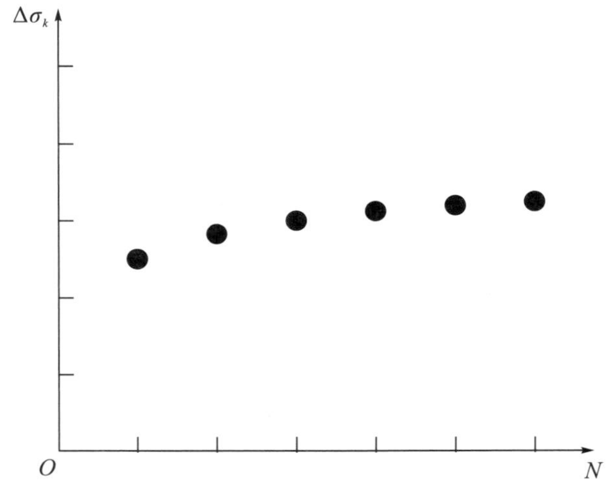

图 2—13　绕组变形量与短路次数的关系

2.2.5　措施及建议

通过本次吊罩检查和故障推演，我们可以得到如下启示：

（1）当主变低压侧主要是带无功负荷时，低压绕组会受到 100 Hz 的交变应力而产生震动，在短路时，振幅变得更大，压钉绝缘帽在压钉的交变压力作用下极易产生疲劳而损坏。

（2）从对主变故障的演变过程来看，主变的损坏是长期以来多次短路累积效应最终导致压环对铁轭和铁芯放电的结果。2010 年第一次放电时，低压绕组虽然已变形，但铁芯并未损坏，如果铁芯损坏，在色谱跟踪时总烃会增长，因此在第一次发现乙炔含量超过标准值时，应果断地对主变进行吊罩检查。但由于当时条件的限制，未能实施吊罩检查，错过了检修的最佳时期，导致了故障的进一步扩大。

（3）由于目前对绕组变形的检查技术还有待完善，频响法测试不一定能够反映主变的真实情况，因此，当主变遭受多次短路冲击后，最好的方法是对主变进行吊罩检查，检查各带电部位的绝缘距离是否发生变化，紧固件是否松动，绕组是否变形，评估短路对变压器造成的影响。

2.2.6　相关问题的解释

2.2.6.1　铁芯在 2011 年 2 月 19 日前不可能烧损

由图 2－14 可以看出，铁芯左右两侧被烧损短接，运行时会有较强的涡流损耗，产生大量气体。但从 2010 年 9 月到 2011 年 2 月期间的色谱跟踪反映出各自特征气体非常稳定，因此铁芯在 2 月 19 日前烧损的可能性非常小。

图 2－14　铁芯烧损（处理后实物图）

2.2.6.2 乙炔不是由于低压压环对铁芯、夹件悬浮放电产生的

由图 2－15 可以看出，压环和夹件的接地线有两处断点，这两处断点必然是在 2011 年 2 月 19 日的短路中产生的。如果是在此之前产生的，那么压环在强电场下会产生悬浮放电，但色谱跟踪未发现乙炔增长。

2 月 19 日短路时压环、压钉刚与夹件接触，压环只向上位移约 5 mm，由于接地连接片有一定的裕度，接地连接片是不可能扯断的。假如是先扯断接地连接片，压钉后接触夹件，那么就不会形成短路环，调压绕组和夹件之间的接地连接线就不会熔断。低压压环接地连接片是在短路环形成后压钉融化变短后扯断或熔断的，但一定是在调压绕组压环和夹件间的连接片熔断之前。由于低压压环接地连接线断开前后压钉会通过夹件接地，所以低压压环带地电位不会对铁芯产生悬浮放电。铁芯烧损是由于铁芯将低压压环开口处短接形成短路环后造成的。

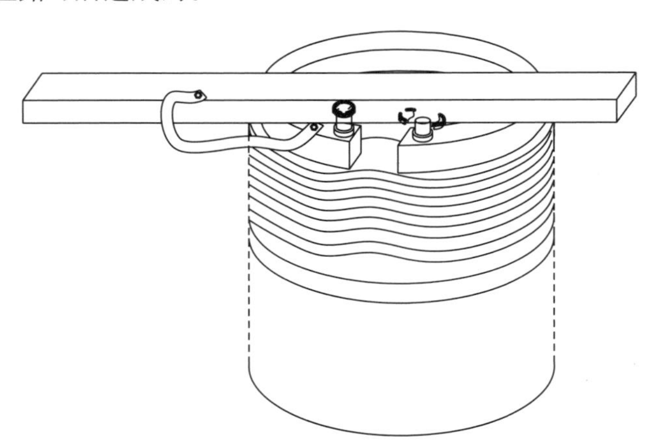

图 2－15　接地连接片、压环、压钉和夹件形成的短路环

2.2.6.3 对绕组变形测试结果的解释

变压器线圈一般都设计为饼式结构，其目的是绝缘和耐压，同时各饼之间都有间隙，便于散热，各线圈饼对地及对其他相、其他电压等级线圈都有一个临近电容，线圈自然也有电感。另外，套管还有对地电容，引线及接头对地也有电容，所有这些按其所在结构的位置都有其所代表的结构参数，所以按其结构可以构成一个变压器的线圈在进行测试时的等值电路。当频率超过 1 kHz 时，变压器的铁芯基本不起作用。每个绕组均可视为一个由电阻、电容、电感等分布参数构成的无源线性双端口网络，并且可以忽略绕组的电阻（通常很小）。变压器绕组的等值电路如图 2－16 所示。

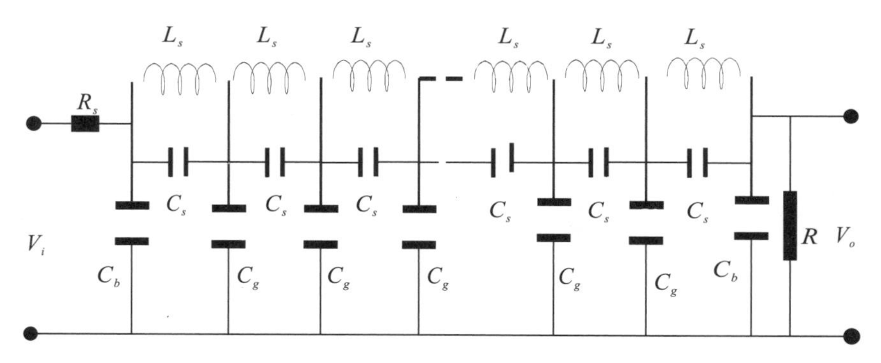

C_g—绕组对地电容；C_b—套管对地电容；C_s—绕组匝间电容；L_s—线圈电感；R_s—扫频信号输出电阻；R—匹配电阻

图 2—16　变压器绕组的等值电路

V_i 为扫频输入信号，V_o 为响应输出信号，它实际上代表流经 R_o 的电流，则V_o/V_i 的比值就代表了一种电抗的变化。如果绕组发生了径向尺寸变化等变形现象，势必会改变网络的 L_s，C_g 等分布参数，导致其传递函数 $H(j\omega)$ 的零点和极点分布发生变化。因此，变压器绕组的变形是可以通过比较变压器绕组的频率响应来诊断的。

当轴向变形较小时，匝间电容 C_s 不会有明显变化，对于Ⅰ＃主变这样的变形来说，所有的分布参数都没有明显变化。因此，传递函数 $H(j\omega)$ 的零点和极点分布也不会发生变化，绕组变形试验是不会有反应的。

2.2.6.4　地震对主变的影响

地震波分为横波和纵波，无论横波还是纵波，对主变的影响都体现为整体受力冲击。由于绕组、铁芯和夹件都在同时向同一方向运动，所以压钉和绝缘帽之间不会有太大的冲击压力。因此，地震对绝缘帽所产生的压力远小于短路时所产生的压力，地震与本次事故没有明显的联系。

2.3　绕组变形案例 2

2.3.1　故障概况

某台 110 kV 扩容变压器（变压器为 1987 年出厂产品，110 kV 高压侧为有载调压，35 kV 中压侧为无载调压，10 kV 低压侧引出线接头为 6 个，即低压侧 a、x、b、y、c、z 六个点均直接引出，在投运前先返厂进行大修后再运到变电站投入安装）在投入运行后 3 小时（投运后还未带任何负荷）发生重瓦斯保护动作，主变在保护动作后直接退出运行。在接到故障汇报后，立即组织对主变进行相关性诊断试验。

2.3.2 故障分析

2.3.2.1 油色谱分析

由表 2-2 的分析数据可知，在变压器故障后产生大量 C_2H_2 气体，同时各种组分气体也相应增加，根据油色谱分析可推断出变压器内部出现严重的电弧放电性故障，但具体故障相位需要进一步试验分析。

表 2-2 故障主变故障前和故障后油色谱分析数据

设备名称	110 kV 主变				
分析日期及部位	2012 年 4 月 27 日 主变本体 （高压试验后）	2012 年 5 月 5 日 主变瓦斯 气体浓度值	2012 年 5 月 5 日 主变瓦斯 气体油中值	2012 年 5 月 6 日 主变本体	2012 年 5 月 6 日 主变本体 （上部）
气体组分	—	—	—	—	—
CH_4（μL/L）	3.08	2432.64	948.73	42.91	504.20
C_2H_4（μL/L）	0.70	2409.24	3517.49	85.34	255.57
C_2H_6（μL/L）	2.80	43.36	99.96	7.36	11.74
C_2H_2（μL/L）	0.00	3176.11	3239.63	117.03	520.39
H_2（μL/L）	1.71	87059.31	5223.56	149.15	1534.78
CO（μL/L）	1.37	18763.01	2251.56	84.59	960.83
CO_2（μL/L）	260.89	490.61	451.41	448.67	443.26
总烃（μL/L）	6.58	8061.45	7805.81	252.64	1291.90
分析意见	正常			总烃、乙炔超过注意值，电弧放电	总烃、氢气、乙炔超过注意值，电弧放电

2.3.2.2 常规例行试验

在投入运行前对该变压器进行了相关交接试验，试验数据与出厂试验数据相比均在合格范围内。主变故障后再次进行相关试验，发现绕组连同套管的绝缘电阻、吸收比和极化指数、绕组连同套管的介质损耗及电容量、有载调压切换装置、铁芯绝缘的数据均在合格范围内，高、低压绕组的直流电阻均合格，35 kV 中压侧绕组直流电阻异常，试验数据见表 2-3，故障前交接试验时试验结果见表 2-4（表 2-3 中故障后试验时变压器上层油温为 33℃，表 2-4 中故障前交接时变压器上层油温为 40℃，故将原始数据用绕组电阻温度修正公式 $R_2=R_1\frac{T_k+t_2}{T_k+t_1}$修正），故障后 OA 和 OC 相试验数据与交接试验时相比均在合格范围内，但 OB 相三相绕组直流电阻均为 34.92 mΩ，说明 35 kV 侧 B 相无载调压开关异常。

表 2－3　故障后 35 kV 侧绕组直流电阻测试结果（试验时变压器上层油温为 33.0℃）

挡位	OA（mΩ）	OB（mΩ）	OC（mΩ）	相间偏差（%）
Ⅰ	33.82	34.92	33.85	8.05
Ⅱ	32.24	34.92	32.33	3.25
Ⅲ	30.74	34.92	30.85	13.60

表 2－4　故障前交接时 35 kV 侧绕组直流电阻测试结果（换算为 33.0℃后）

挡位	OA（mΩ）	OB（mΩ）	OC（mΩ）	相间偏差（%）
Ⅰ	33.75	33.83	33.98	0.68
Ⅱ	32.20	32.34	32.46	0.81
Ⅲ	30.71	30.89	30.97	0.85

2.3.2.3　诊断性试验

由于变压器故障，所以对其进行进一步的诊断性试验检查，试验项目包括短路阻抗、绕组频率响应和绕组各分接位置电压比测量。

（1）短路阻抗。

短路阻抗试验结果见表 2－5。由于变压器在投运前曾返厂大修，故初值直接使用交接试验时的测量值，输变电设备状态检修试验规程要求短路阻抗测量值与初值的偏差不超过±3%，而该变压器在故障后测量值与交接试验值的偏差最大仅 0.70%，故短路阻抗试验结果符合规程要求，未发现任何异常。

表 2－5　短路阻抗试验结果

阻抗	高对中	高对低	中对低
故障前短路阻抗（Ω）	19.00	33.25	1.460
故障后短路阻抗（Ω）	18.90	33.02	1.458
偏差（%）	0.53	0.70	0.14

（2）绕组频率响应。

绕组频率响应对于绕组变形检测具有较高的检测灵敏度和判断准确性，故在交接试验时和故障后分别对 110 kV 高压侧、35 kV 中压侧和 10 kV 低压侧进行绕组变形测试，交接时高、中、低压侧绕组频率响应曲线重合度较好，故障后高压侧和低压侧中、高频段重合度依然较好，但中压侧波峰和波谷的分布位置及幅度均出现明显差异，如图 2－17～图 2－22 所示。

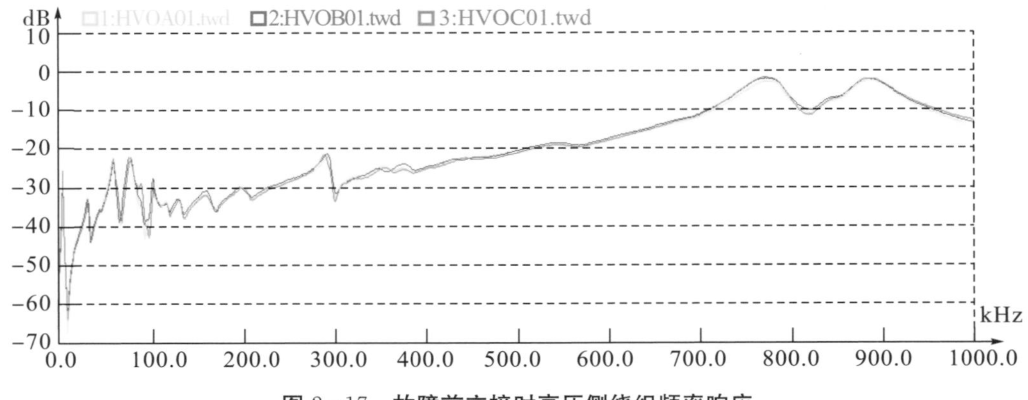

图 2－17　故障前交接时高压侧绕组频率响应

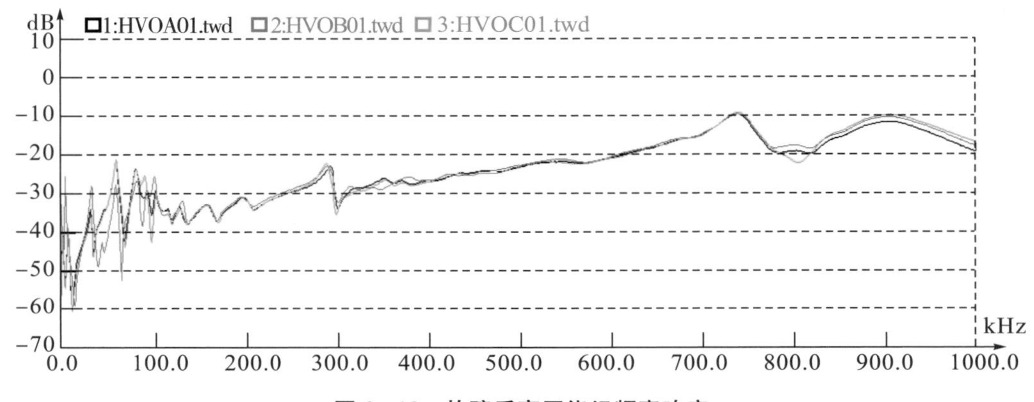

图 2－18　故障后高压绕组频率响应

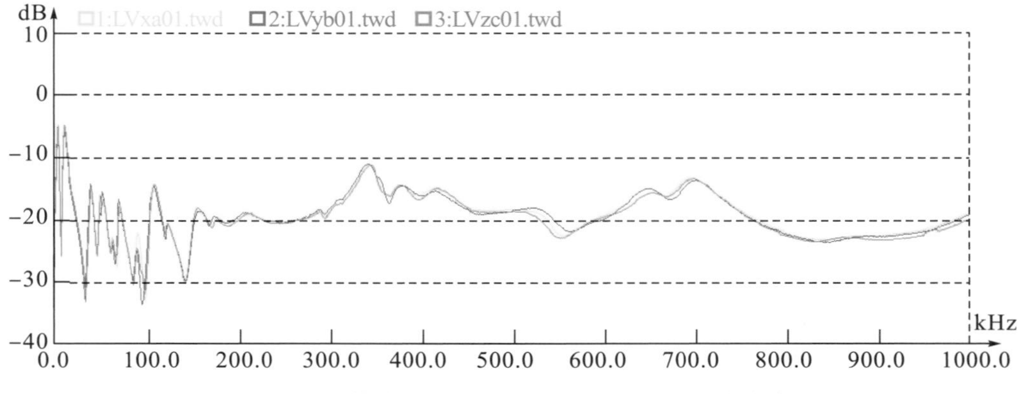

图 2－19　故障前交接时 10 kV 低压侧绕组频率响应

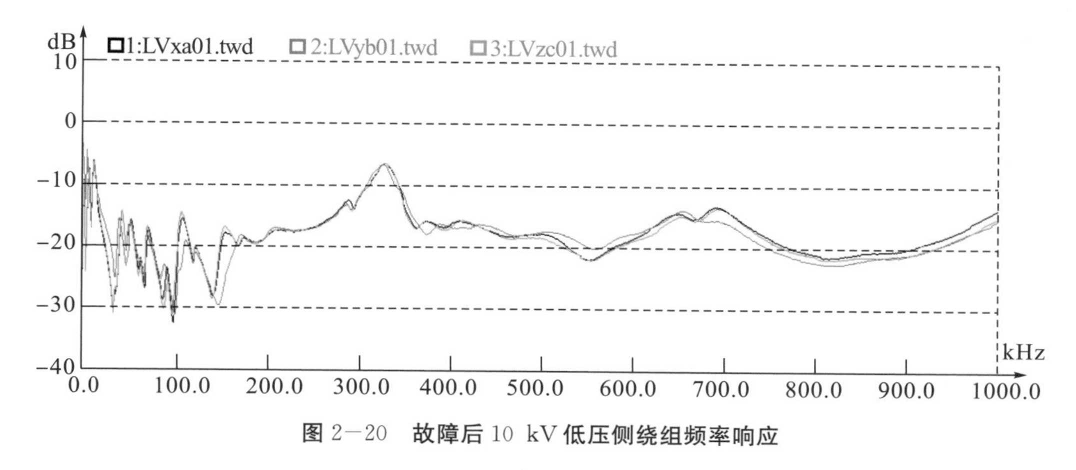

图 2—20　故障后 10 kV 低压侧绕组频率响应

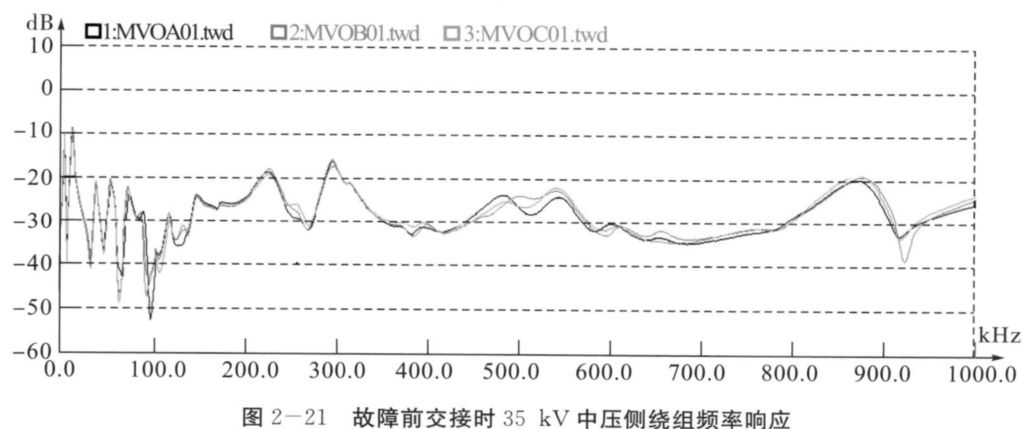

图 2—21　故障前交接时 35 kV 中压侧绕组频率响应

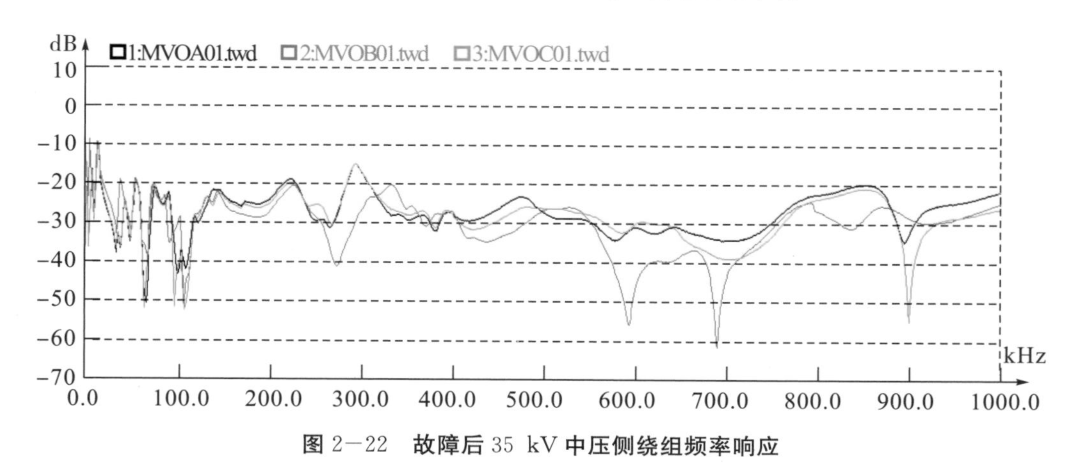

图 2—22　故障后 35 kV 中压侧绕组频率响应

（3）绕组各分接位置电压比测量。

因直流电阻和绕组变形结果均出现异常情况，故怀疑绕组存在缺陷，所以对该变压器各绕组变比进行测试。变比测试结果为高压对低压变比符合要求，测量中压对低压绕组变比时变比测量仪器显示过流保护。为进一步检测分析，对变压器各绕组变比进行单独测试，测试结果为 HA 对 MA、HA 对 LA、MA 对 LA、HB 对 LB、HC 对 MC、

HC对LC、MC对LC变比正常（L代表高压，M代表中压，L代表低压，A、B、C分别代表A、B、C三相），而HB对MB及MB对LB测试时仪器均显示过流保护。测试结果显示所有涉及中压侧B相的变比测试均出现过流保护，其他绕组变比测试均正常，故推测中压B相绕组出现故障。

2.3.2.4 诊断分析

变压器35 kV一次绕组接线及调压原理如图2—23所示，无载调压位置为Ⅰ挡时，35 kV侧所有绕组均接入电路运行，其等效电路如图2—24所示。正常情况下，h与d、c与g、b与f、a与e绕组匝数相等，每两段感应出的电压相等，即感应电压 $E_d = E_h$，故变压器正常运行。但当变压器内部产生过电压，绕组纵绝缘不能承受时，绕组间将击穿，甚至产生大电弧，大电弧产生的高温将烧坏匝间绝缘，甚至烧坏绕组而造成匝间短路。假定变压器绕组d和h均为50匝，变压器故障后，d中部分绕组发生匝间短路，则匝数由原50匝变为48匝，此时测量110 kV高压侧对35 kV中压侧变比，仪器输出电压为160 V。假定绕组h感应出的电压刚好为50 V，则绕组d感应出的电压为48 V，匝间短路故障后感应等效电路如图2—25所示。分析电路图可知，由于感应电势不平衡，将在绕组中产生环流，该环流消耗的能量由绕组变比仪提供而使绕组变比仪过流保护。

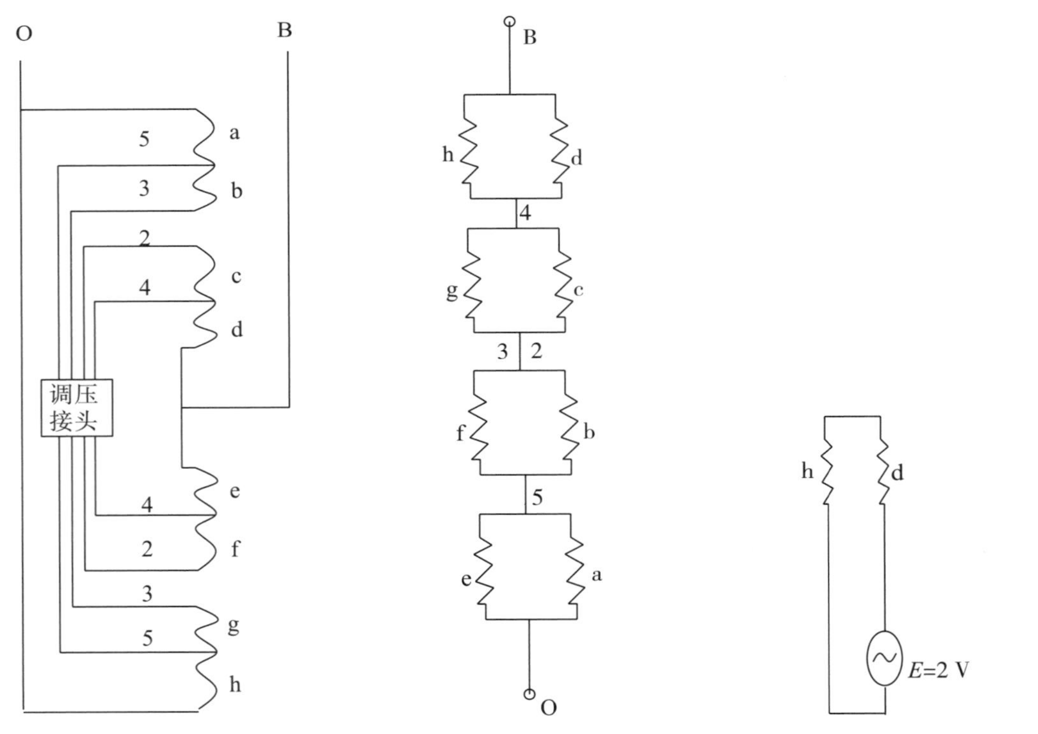

图2—23 35 kV无载调压原理　　图2—24 无载调压等效电路　　图2—25 故障后感应等效电路

根据油色谱分析试验结果，可以推断出变压器内部发生了严重的电弧放电现象，同时电弧放电产生的大电流引起的电动力造成绕组变形，根据绕组变形和绕组电压比试验推断故障相为 35 kV 侧的 B 相绕组，B 相绕组在电弧放电过程中造成匝间短路。35 kV 侧 B 相绕组直阻在Ⅰ、Ⅱ、Ⅲ挡时均为 34.92 mΩ，故分析推断该相无载调压装置出现故障。

2.3.2.5　吊芯检查验证

由于推断变压器存在严重的电弧放电造成绕组匝间短路，故将该变压器返厂维修，在变压器厂吊罩吊芯检查。

（1）无载调压装置。

对变压器进行吊罩检查后发现 35 kV 侧 B 相无载调压装置出现故障，故障情况如图 2－26 所示，调压部分触指松动变形，造成调压部分接触不良，所以直阻偏大。同时无载调压上部连杆与调压装置连接不良，造成外部调压时内部调压装置未转动，所以三相绕组直阻在Ⅰ、Ⅱ、Ⅲ挡均未有相应变化。吊罩后将无载调压装置检修正常（如图 2－27 所示）后安装回变压器再进行直阻测试，试验数据见表 2－6，由试验数据可知，绕组直阻已经恢复正常。

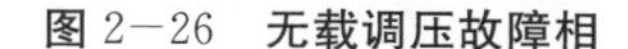

图 2－26　无载调压故障相

图 2－27　无载调压正常情况

表 2－6　无载调压装置检修后 35 kV 侧绕组直流电阻测试结果（换算为 33.0℃后）

挡位	OA（mΩ）	OB（mΩ）	OC（mΩ）	相间偏差（%）
Ⅰ	33.98	33.81	34.02	0.62
Ⅱ	32.43	32.35	32.56	0.65
Ⅲ	30.91	31.00	31.04	0.42

（2）吊芯检查。

为进一步分析确认故障情况，直接对 35 kV 侧 B 相进行吊芯检查。吊芯检查发现故障推断正确，绕组故障如图 2－28 所示。由图可见，故障部分的绝缘在电弧作用下破坏非常严重，同时绕组在电弧作用下已经部分烧熔，造成绕组匝间短路。绕组匝间短路时绕组中通过大电流，产生巨大的电动力，从而造成绕组严重变形，如图 2－29 所示。

图 2－28　绕组故障

（a）

（b）

图 2－29　绕组变形情况

2.3.3 措施及建议

变压器的故障分析需要解决两个问题：一是故障定性，二是故障定位。故障定性是对故障的性质、严重程度进行判断，故障定位是对故障发生的部位进行判定。为了做出最优的检修决策，仅故障定性是远远不够的，还需对故障进行准确定位。以本案例来说，从故障定性来看，可以判定主变发生了放电故障。但放电故障发生在主绕组上还是无载开关上，对检修决策而言差别很大。如果放电故障发生在无载开关上，可以现场吊罩修理。如果放电故障发生在主绕组上，只能返厂处理。因此，对检修决策而言，故障定位更为重要。

故障定性相对来说比较容易，而故障定位更为困难。故障定性可以依据试验规程和平时积累的经验进行判断，而故障定位却没有固定的模式可循，只能在充分了解设备结构、工作原理和试验原理的基础上，根据现场实际情况寻找突破口。就本案例而言，在测试高对中变比时，试验人员想方设法要测得一个变比，但变比测试仪总是显示过流，如果了解了变比测试的原理、仪器的工作原理以及中压绕组的结构，测不出来其实就是最好的结果，足以判断绕组发生了匝间短路，并且故障发生在中压侧主绕组上。

2.4 绕组变形案例3

2.4.1 故障简述

2009年11月18日01时54分，某变电站10 kV出线917＃开关过流一段保护动作，随后主变低压侧后备保护动作，跳开10 kV母联930＃开关及Ⅰ＃主变10 kV侧进线931＃开关，差动保护动作跳开130＃开关。

2.4.2 故障设备简况

主变型号为SFZ9－31500/110，生产厂家为四川蜀能电器有限公司，2001年12月投入运行，2004年、2005年、2007年、2008年进行过四次例行试验，试验结果均合格。917＃开关型号为VS1（ZN63A）。

2.4.3 故障情况

2.4.3.1 运行方式

（1）故障前运行方式。

某变电站 110 kV 设备为内桥型接线，Ⅰ＃主变 110 kV 侧 101＃开关、110 kV 出线 181＃开关接于 110 kVⅠ段母线，110 kV 侧出线 182＃开关接于 110 kVⅡ段母线，110 kV 母联 130＃开关为合位；Ⅰ＃主变 10 kV 侧 931＃开关、10 kV 出线 917＃开关接于 10 kVⅠ段母线，10 kV 母联 930＃开关为合位。

（2）故障后运行方式。

110 kV 母联 130＃开关、Ⅰ＃主变 10 kV 侧 931＃开关、10 kV 侧 930＃开关为分位，全站失压。

2.4.3.2 保护动作情况

故障发生后，查阅了故障录波，从故障录波可以看出本次故障首先为 10 kV 出线 917＃间隔 B、C 相发生相间短路，后因 917＃开关拒动，转变为主变低压侧三相短路故障，保护动作情况为：2009 年 11 月 18 日 01 时 54 分，10 kV 出线 917＃开关过流一段保护动作，但 917＃开关未跳开，故障电流为 12000 A，故障时间持续 1460 ms，主变低后备保护动作，930＃开关、931＃开关、Ⅰ＃主变差动保护动作跳开 130＃开关、931＃开关，切除故障。

2.4.3.3 故障情况

故障发生后，现场情况如下：

（1）10 kV 出线 917＃线路计量 CT 已炸裂，约$\frac{1}{3}$的环氧树脂已成碎块，碎块最远飞至 10 m 的主变处，同时连接电缆头已烧坏。

（2）10 kV 出线 917＃开关机构处于卡涩状态，手动无法分闸。开关生产厂家派人到现场也未查找出原因，后来经过多次分合操作均未出现此类卡涩现象，开关特性试验也是合格的。

（3）Ⅰ＃主变气体继电器内有大量气体，排出的气体遇火即燃。

（4）故障后立即对主变进行了油色谱和高压试验，高压试验项目包括绝缘电阻吸收比、介损及电容量测量、绕组直流电阻、绕组变形频率响应法测试。试验结果多处数据不合格，判断变压器内部存在缺陷，无法继续运行。具体试验数据见表 2-7～表 2-11。

（5）根据试验结果，将Ⅰ＃主变返厂吊罩检查，情况如下：绕组内部由于过热、放电等原因产生高压气体，使三相绕组上压板向上突出、破裂，绕组垫块松动、脱落；B 相 110 kV 侧和 10 kV 侧引线扭曲变形、位移；三相 110 kV 绕组和高压调压绕组基本无变形，绝缘良好；10 kV A 相绕组严重变形并向内凹陷，10 kV B 相绕组轻微变形，略向内凹陷，10 kV C 相绕组中部严重变形并向内凹陷，匝间绝缘击穿；C 相绕组周围有大量烧融的铜粒。图 2－30 为变压器内部图片。

（a）压板被机械力破坏

（b）低压绕组 C 相扭曲变形

(c) B相绕组轻微变形

图 2－30 变压器内部图片

2.4.4 故障试验

表 2－7 油色谱数据

单位：μL/L

取样部位	H_2	CO	CO_2	CH_4	C_2H_4	C_2H_6	C_2H_2	总烃
下部	391.40	1656.39	7243.47	185.75	331.26	22.37	254.52	793.9
上部	143.41	1129.56	5731.51	78.91	151.19	11.04	104.75	345.9

表 2－8 高压试验数据

高压绕组对低压绕组及地	预防性试验标准	测试值
绝缘电阻（60 s/15 s）（MΩ）	绝缘电阻换算至同一温度下，与前一次测试结果相比应无明显变化	65000/36300
吸收比	吸收比（10℃～30℃）不低于 1.3	1.79
介质损耗因数角（%）	20℃时 tan δ 不大于 0.8%	0.441
电容量（nF）	历史值 8.256	8.308
低压绕组对高压绕组及地	预防性试验标准	测试值
绝缘电阻（60 s/15 s）（MΩ）	绝缘电阻换算至同一温度下，与前一次测试结果相比应无明显变化	38200/19600
吸收比	吸收比（10℃～30℃）不低于 1.3	1.95
介质损耗因数角（%）	20℃时 tan δ 不大于 0.8%	0.455
电容量（nF）	历史值 14.84	15.45
测试时间：2009 年 11 月 8 日　　环境温度：25℃　环境湿度：56%		

表2—9　绕组直流电阻测量

	分接位置	A—O相（mΩ）	B—O相（mΩ）	C—O相（mΩ）	相间不平衡系数（%）	
					计算值	预防性试验标准
高压绕组	1	703.8	705.8	707.8	0.567	相间线圈直流电阻不平衡系数≤2%
	2	691.7	692.9	695.2	0.569	
	3	679.6	681.6	683.3	0.511	
	4	667.0	668.4	670.5	0.496	
	5	653.6	655.5	657.5	0.564	
	6	640.3	642.0	644.2	0.590	
	7	626.8	629.0	630.9	0.602	
	8	615.6	617.2	619.3	0.593	
	9、10、11	601.4	601.8	602.4	0.160	
	12	615.9	617.9	619.5	0.566	

表2—10　低压绕组变形测试报告

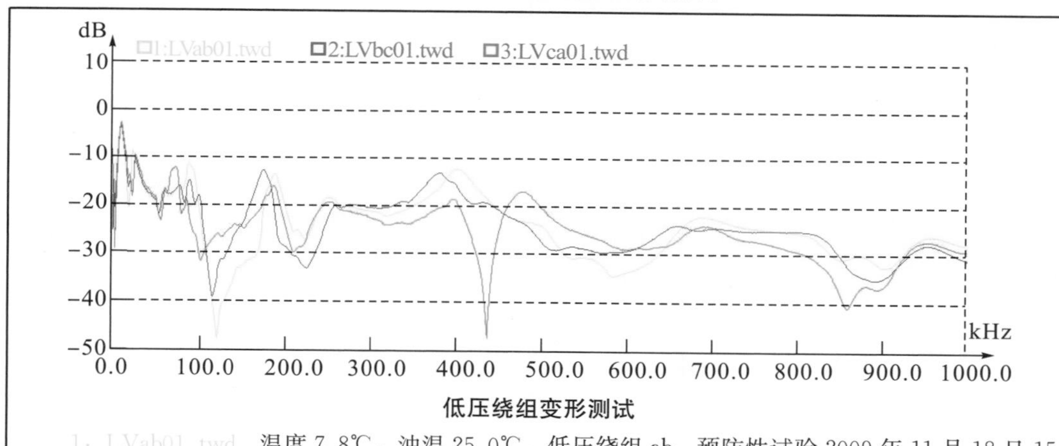

低压绕组变形测试

1：LVab01.twd　温度7.8℃，油温25.0℃，低压绕组ab，预防性试验2009年11月18日15时16分测量

2：LVbc01.twd　温度7.8℃，油温25.0℃，低压绕组bc，预防性试验2009年11月18日15时18分测量

3：LVca01.twd　温度7.8℃，油温25.0℃，低压绕组ca，预防性试验2009年11月18日15时20分测量

Ⅰ＃主变变压器低压绕组相关系数分析结果

相关系数	低频段（1～100 kHz）	中频段（100～600 kHz）	高频段（600～1000 kHz）
R_{21}	0.81	0.57	0.62
R_{31}	0.22	0.16	0.55
R_{32}	0.50	0.15	0.68

表 2－11　高压绕组变形测试报告

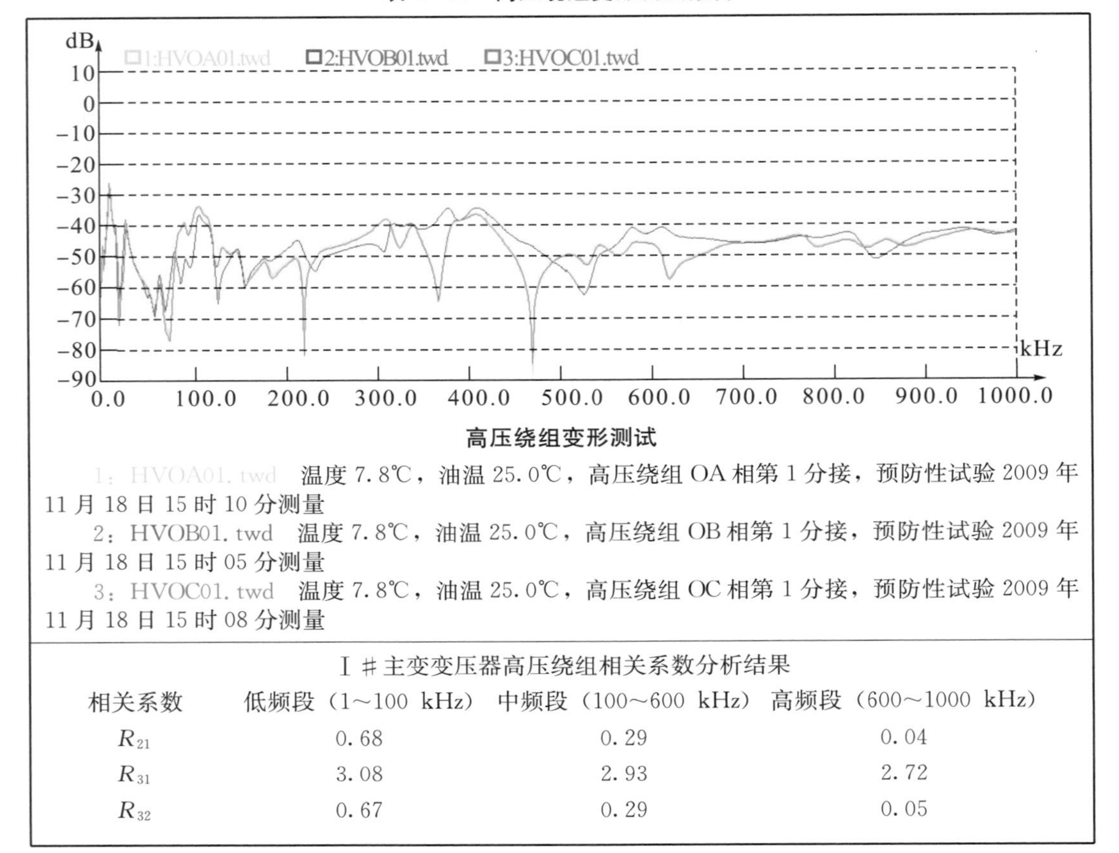

1：HVOA01. twd　温度 7.8℃，油温 25.0℃，高压绕组 OA 相第 1 分接，预防性试验 2009 年 11 月 18 日 15 时 10 分测量

2：HVOB01. twd　温度 7.8℃，油温 25.0℃，高压绕组 OB 相第 1 分接，预防性试验 2009 年 11 月 18 日 15 时 05 分测量

3：HVOC01. twd　温度 7.8℃，油温 25.0℃，高压绕组 OC 相第 1 分接，预防性试验 2009 年 11 月 18 日 15 时 08 分测量

Ⅰ＃主变变压器高压绕组相关系数分析结果

相关系数	低频段（1～100 kHz）	中频段（100～600 kHz）	高频段（600～1000 kHz）
R_{21}	0.68	0.29	0.04
R_{31}	3.08	2.93	2.72
R_{32}	0.67	0.29	0.05

2.4.5　故障原因分析

从现场情况来看，很显然，这次故障是由于 10 kV 出线 917＃线路计量 CT 绝缘击穿引起相间短路，而 917＃线路断路器机构卡塞，手动、遥控均无法分闸，最后，由主变后备保护跳开总路和分段开关，切除故障。

由表 2－8 的试验数据可以看出，短路后低压绕组电容量由以前的 14.84 nF 变为 15.45 nF，变化量达到 4.1％。由于电容量是反映绕组的空间相对位置的参数，所以主变低压侧绕组有变形。

由图 2－31 低压侧绕组变形的波形可以看出，在低频段，C 相和 A、B 相有较大差异，因为低频段频响特性主要由绕组本身的电感决定，且受干扰影响较小，所以从绕组变形来看，初步可以确定低压绕组 C 相出现严重变形。

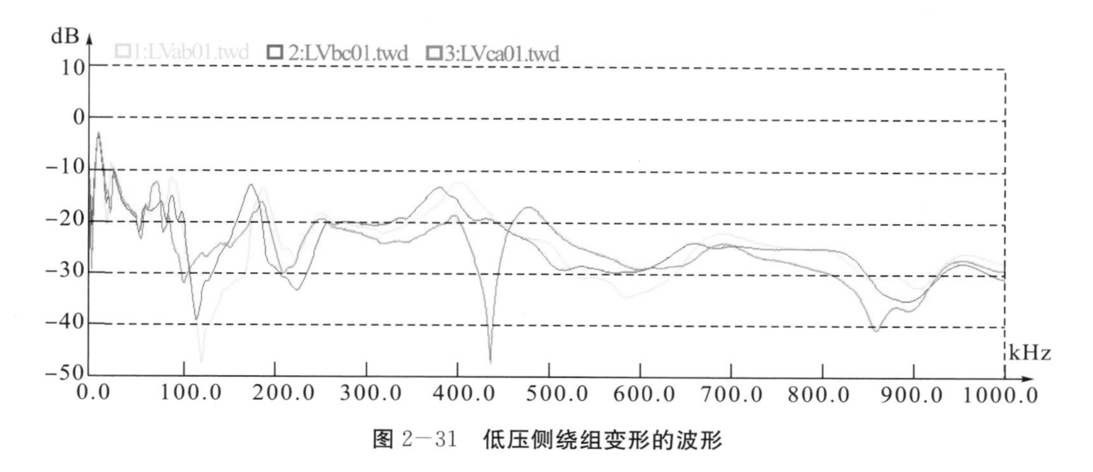

图 2－31　低压侧绕组变形的波形

由油色谱数据可以看出，乙炔、氢气含量较高，反映出主变内部存在高能量电弧放电。

2.4.6　措施及建议

（1）色谱试验能准确灵敏地反映出主变内部故障情况。

（2）电容量能准确地反映出主变内部绕组变形情况。

（3）绕组变形通过频率响应法测试反应灵敏，但容易受多种因素干扰，低频段可信度较高，如果低频段出现严重不一致的情况，则可以认为绕组发生严重变形。

2.5　绕组变形案例 4

2.5.1　故障简述

2011 年 6 月 20 日，在对某变电站 1＃主变进行高压例行试验时，发现其绕组电容量变化超标，低电压短路阻抗超标。

2.5.2　故障设备简况

某变电站 1＃主变型号为 SFSZ9M－40000/110，出厂日期为 2002 年 6 月，2003 年 2 月投运。

2.5.3 故障情况及原因分析

2.5.3.1 故障情况

2007 年、2011 年主变绝缘试验数据分别见表 2－12、表 2－13。

表 2－12 2007 年主变绝缘试验数据

位置	绝缘电阻（MΩ）			直流泄漏（μA）	介质损耗	
	R15″	R60	R60″/R15		tanδ（%）	C_x（nF）
高压－中低及地	23.9	42.2	1.77	5	0.271	12.011
中压－高低及地	14.3	24.8	1.74	3	0.247	19.023
低压－高中及地	16.8	30	1.79	1	0.235	16.602

表 2－13 2011 年主变绝缘试验数据

位置	绝缘电阻（MΩ）			直流泄漏（μA）	介质损耗	
	R15″	R60	R60″/R15		tanδ（%）	C_x（nF）
高压－中低及地	30.1	48.4	1.61	—	0.208	11.57
中压－高低及地	15.2	26.7	1.77	—	0.213	20.9
低压－高中及地	18.7	32.5	1.74	—	0.215	19.02

2011 年采用低电压短路阻抗法对变压器绕组变形情况进行了测试，测试结果见表 2－14。

表 2－14 短路阻抗数据

位置	电压（V）	电流（A）	总功率（W）	实测短路阻抗值（Ω）	铭牌值（Ω）	不平衡率（%）
高（9 挡）－中（3 挡）	427.8	7.937	276	31.114	29.65	－4.9
高（9 挡）－低	431	4.7002	127.9	52.94	52.91	0.06
中（3 挡）－低	79.1	21.408	218.9	2.1324	2.28	6.92

高压试验结束后将主变返厂，图 2－32 为主变吊罩解体后中压绕组。

图 2－32　主变吊罩解体后中压绕组

2.5.3.2　故障原因分析

（1）从绕组电容量来看，高对中低及地 2011 年与 2007 年相比偏差为 3.6%，中对高低及地偏差为 9.8%，低对高中及地偏差为 14.6%。电容量反映的是绕组和周围环境的空间关系，是比较稳定的状态量，受外界干扰也比较小，状态检修导则中将其超标列为警示值，如果变化较大，说明其内部存在绕组局部变形。

（2）从短路阻抗来看，低电压短路阻抗测试已经开展多年，经实践验证相对可靠，能有效地判断绕组变形情况，且在 2008 年出台了相应的测试标准 DL/T 1093—2008，根据其规定，100 MVA 容量以下且电压等级 220 kV 及以下的变压器低电压下短路阻抗与铭牌值比较不应超过±2%。从试验结果来看，高对中、中对低短路阻抗与铭牌值相比均超标，高对低合格，与中压绕组相关的绕组对均有问题，说明故障绕组为中压绕组。

（3）主变吊罩后绕组解体后的情况印证了以上两点分析，从图 2－32 中可以看出变压器中压绕组存在变形，且变形较为严重。

结论：2011 年 5 月 35 kV 线路相间短路故障对 1＃主变造成冲击，使其中压绕组发生严重的变形。

2.5.4　措施及建议

从此次缺陷的发现过程中可以获得如下的经验：

（1）绕组频率响应能反映变压器绕组变形，虽然灵敏，但是不够可靠。此次故障中绕组频率响应结果未显示异常。

（2）电容量反映了绕组和周围的几何位置。电容量变化较大时，基本可以确定其内部存在局部变形的情况。

（3）低电压下的短路阻抗已开展较长时间，相比频响法更加成熟。在判断变压器绕组变形情况时，建议主要考虑电容量、短路阻抗的测试结果，绕组频率的测试结果作为参考。

2.6 绕组变形案例 5

2.6.1 故障简述

2013 年 4 月 15 日，在对 110 kV 某变电站 1＃主变进行高压例行试验时，发现其绕组电容量变化超标，低电压短路阻抗超标，而且绕组的频响曲线也发生了异常。

2.6.2 故障设备简况

110 kV 某变电站 1＃主变的型号为 SFSZ10－50000/110，额定电压为（110±8×1.25％）/(38.5±2×2.5％)/10.5 kV，额定电流为 262.4/749.8/2749.3 A，制造厂家为成都双星电器有限公司。

2.6.3 试验情况

油化试验数据见表 2－15、表 2－16。

表 2－15 色谱试验数据

气体成分	H_2	CO	CO_2	CH_4	C_2H_2	C_2H_4	C_2H_6	总烃
含量（μL/L）	36.71	1338.9	5068.96	27.76	0.17	3.38	6.27	37.58

表 2－16 简化试验数据

微量水分	击穿电压	闪点	酸值	pH	介损
4 μL/L	54 kV	155°	0.016KOH/g	6.4	0.27％

本体电容量历次试验数据对比见表 2－17。

表2—17　本体电容量历次试验数据对比

试验性质	出厂试验	交接试验		震后预试		本次C修	
试验日期及温度	2003年6月，30℃	2003年12月，11℃		2008年6月，32℃		2013年4月，38℃	
	C_x	C_x（nF）	Δ%	C_x（nF）	Δ%	C_x（nF）	Δ%
高→中低及地 A	15.43	15.482	0.33	15.447	−0.23	14.99	−3.18
中→高低及地 B	23.21	23.352	0.61	23.969	2.64	25.90	10.91
低→高中及地 C	19.51	19.678	0.86	20.443	3.89	22.96	16.68
高中→低及地 D	13.61	13.679	0.50			16.76	22.52
高中低→地 E	14.47	14.593	0.85			14.85	1.76
中低→高及地 F						24.31	

注：①试验采用反接法，表中划斜杠部分为未进行试验项目；②震后（2008年）预试和本次例行试验的偏差是依据交接试验数据来计算的。

经换算到各绕组后的电容量见表2—18。表中高压绕组对地电容量为C_1，中压绕组对地电容量为C_2，低压绕组对地电容量为C_3，高压绕组对中压绕组电容量为C_{12}，高压绕组对低压绕组电容量为C_{13}，中压绕组对低压绕组电容量为C_{23}。

表2—18　计算结果

测量部位	交接试验（nF）	本次C修（nF）	Δ%
C_1	2.7445	2.765	0.75
C_2	1.5525	1.56	0.48
C_3	10.296	10.525	2.22
C_{12}	12.5775	12.065	−4.07
C_{13}	0.16	0.16	0
C_{23}	9.222	12.275	33.1

短路阻抗历次试验数据对比见表2—19。

表 2－19　短路阻抗历次试验数据对比

试验性质	出厂试验	本次 C 修	
试验日期及温度	2003 年 6 月，30℃	2013 年 4 月，38℃	
	U_K%	U_K%	Δ%
高压（110 kV）→中压（38.5 kV）	9.99	10.41	4.2
高压（110 kV）→低压（10.5 kV）	17.71	18.15	2.489
中压（38.5 kV）→低压（10.5 kV）	6.60	6.16	−7.1

注：①本次短路阻抗测试高压侧所加电流约为 5 A；②自 2010 年开始逐渐开展短路阻抗试验，该主变在此次例行试验前未进行过短路阻抗测试。

绕组变形试验中，高、中、低压绕组频响曲线分别如图 2－33、图 2－34、图 2－35 所示。

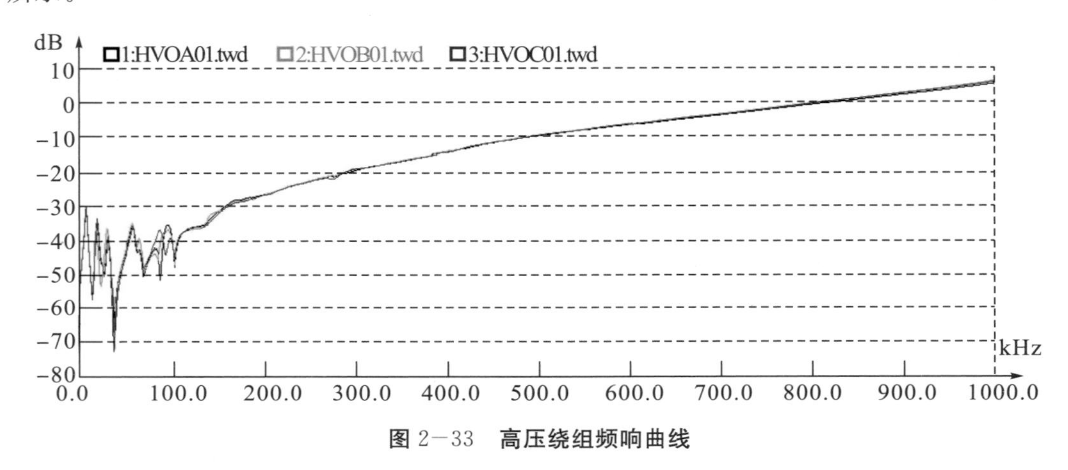

图 2－33　高压绕组频响曲线

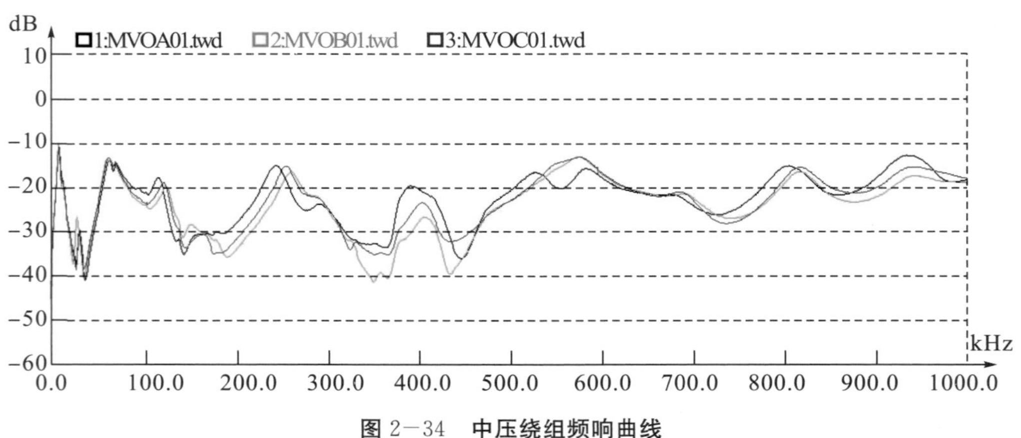

图 2－34　中压绕组频响曲线

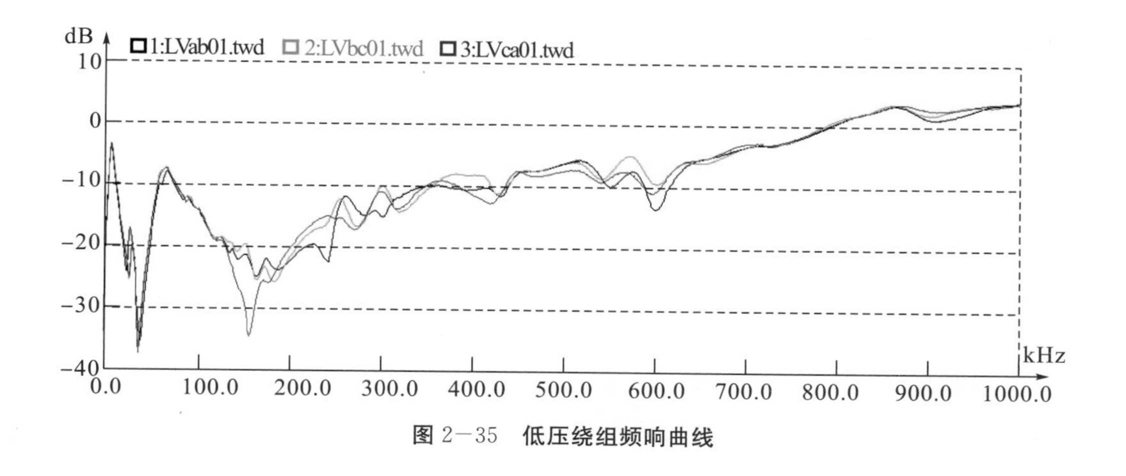

图 2－35　低压绕组频响曲线

2.6.4　结果分析

由油化试验数据可以看出，该变压器内部无放电或过热情况，且绝缘未发生老化等现象。由高压试验本体电容量历次试验数据可以看出，主变自投运后本体电容量一直在变化，变化趋势一致（相较于交接试验），均为高→中低及地电容量下降，中→高低及地和低→高中及地电容量上升，且自震后变化趋势大幅增加，由此可以看出，自变压器投运以来，各侧电容量的变化一直存在，变化方向一致且变化越来越快。由各侧电容量计算结果可以看出，中低压绕组之间的电容量大幅上升，增大 33.1%；高中压绕组之间的电容量小幅降低，减小约 4.07%；低压绕组对地电容量小幅上升，增大约 2.22%。由绕组之间及绕组对地电容形成原理可以看出，中压绕组之间的等效半径大幅减小，高中压绕组之间的等效半径小幅增大。由变压器短路阻抗试验数据可以看出，高压绕组对中压绕组的短路阻抗为正偏差，短路阻抗的构成反映出高压绕组和中压绕组之间的距离在增大。中压绕组对低压绕组的短路阻抗为超标的负偏差，反映出中低压绕组之间的距离在缩小，但高压绕组对低压绕组的短路阻抗未超标，说明高压绕组和低压绕组之间的距离变化不大。该结果与本体电容量试验结果一致。另外，由频响试验波形图可以看出，高压绕组重合度较高，中低压绕组重合度较差，这也从侧面反映出该变压器的中压绕组存在较为严重的变形。

该变电站位于磷化工厂内，从厂方了解到的信息显示，该厂有两台超大功率黄磷炉，用电量极大，因电费成本问题，该黄磷炉只会在夜间启用，且基本每晚启动一次，清晨关机。从地调了解到的信息可知，当该厂黄磷炉不启用时，1 号主变 35 kV 侧的负荷可以降到 1 MVA 以下，当两台黄磷炉同时启用时，负荷剧增到约 40 MVA。但区别于钢厂负荷，当黄磷炉正常运转时负荷保持不变。对于此种特殊负荷，在黄磷炉启用的瞬间，中压绕组由不到 20 A 的电流突增到近 700 A，巨大的冲击电流会使中压绕组承受很大的电动力。该主变自投运 10 年来，一直在经历着这样的不良工况，数千次的冲击电流导致变压器的绝缘支撑物不能再承受如此巨大的电动力，最终演变为绕组严重变形。

由2008年的预试数据可以看出，当时该变压器已运行近5年，但电容量变化并未超标，这是由于变压器在新投运的数年内，包括绕组及绝缘支撑物等都具有很强的自恢复能力和较强的抗冲击能力，但是从电容量数据来看，该变压器绕组的电容量已经发生了轻微变化。从2008年至今，变压器仍然在该不良工况下运行，此时的变压器已不具有新投运时较强的抗冲击能力，随着时间的推移，变压器绕组的变形越来越严重，最终达到危及设备安全运行的状态。

将该主变返厂修理，解体检查发现中压绕组确实发生了鼓包，并且绝缘破损，如图2－36所示。

图2－36　中压绕组变形（从左到右分别是A、B、C相绕组）

2.6.5　措施及建议

由于该变压器长期处于不良工况下高负荷运行，所以应选用抗冲击电流很强的特种变压器，从而避免在使用普通变压器时因抗冲击能力不足而造成运行数年后绕组大幅度变形，给设备正常运行带来巨大的隐患。

鉴于该变压器所处不良工况的特殊性质，有针对性地对不良工况进行有效的隔离。例如，在该变压器35 kV侧总路加装限流电抗器，使变压器在厂方黄磷炉启用时中压绕组中的电流缓慢上升，降低中压绕组所承受的电动力，确保变压器安全良好稳定运行。

2.7　绕组变形案例6

2.7.1　故障情况

某公司110 kV变电站1号主变在2008年9月进行了大修后试验，2013年6月进行了一次例行试验，2013年试验数据与2008年相比未见异常。现将1号主变大修后的历次数据进行对比分析，其中以2008年大修后的数据作为初值参考。

变压器铭牌参数：

型号：SZF9－40000/110。

额定容量：40/40 MVA。

额定电压：110/10.5 kV。

额定电流：209.9/2199.4 A。

联结组标号：YNd11。

短路阻抗（%）：极限正分接：11.43，额定分接：10.66，极限负分接：10.36。

出厂序号：06031501。

出厂日期：2006年8月。

制造厂：青岛变压器集团成都双星电器有限公司。

2.7.2　试验数据及分析

本体电容量历次数据对比见表2－20，主变本体电容量（正接线法）见表2－21，1号主变短路阻抗历次数据对比见表2－22。

表2－20　本体电容量历次数据对比

试验日期及温度	试验项目	测试值		
		高压－低压及地	低压－高压及地	高压、低压－地
2018年10月31日，22℃	电容量（nF）	8.561	16.05	13.86
	介质损耗因数（%）	0.252	0.265	0.272
	电容量与2013年值偏差（%）	－0.26	7.72	9.05
	电容量与2008年值偏差（%）	－0.34	8.0	9.19
2013年6月2日，25℃	电容量（nF）	8.583	14.9	12.71
	介质损耗因数（%）	0.225	0.269	0.307
	电容量与2008年值偏差（%）	－0.08	0.25	0.13
2008年9月30日，28℃	电容量（nF）	8.590	14.863	12.694
	介质损耗因数（%）	0.246	0.372	0.411

表2－21　主变本体电容量（正接线法）

试验日期及温度	试验项目	测试值	
		高压－低压及地	低压－铁芯
2018年11月1日，24℃	电容量（nF）	5.370	8.435
	介质损耗因数（%）	0.247	0.247

注：根据《油浸式变压器（电抗器）状态评价导则》，电容量变化>5%，扣40分，评为严重状态，规程规定对严重状态的检修策略为尽快进行停电检修。

表 2-22　1号主变短路阻抗历次数据对比

试验日期及温度	挡位	试验项目	测试值				
			A相	B相	C相	平均值	最大三相互差
2018年10月31日，22℃	极限正分接（1挡）	阻抗电压百分比（%）	11.33	11.84	11.17	11.449	5.85
		与2013年值偏差（%）	0.71	2.51	0.99	1.44	—
		与铭牌值偏差（%）	—	—	—	0.17	—
	额定分接（9挡）	阻抗电压百分比（%）	10.72	11.13	10.55	10.805	5.37
		与2013年值偏差（%）	1.04	2.68	1.05	1.65	—
		与铭牌值偏差（%）	—	—	—	1.36	—
	极限负分接（17挡）	阻抗电压百分比（%）	10.45	10.82	10.29	10.524	5.04
		与2013年值偏差（%）	0.58	2.85	0.98	1.49	—
		与铭牌值偏差（%）	—	—	—	1.58	—
2013年6月2日，25℃	极限正分接（1挡）	阻抗电压百分比（%）	11.25	11.55	11.06	11.287	4.34
		与铭牌值偏差（%）	—	—	—	−1.25	—
	额定分接（9挡）	阻抗电压百分比（%）	10.61	10.84	10.44	10.63	3.76
		与铭牌值偏差（%）	—	—	—	−0.28	—
	极限负分接（17挡）	阻抗电压百分比（%）	10.39	10.52	10.19	10.37	3.18
		与铭牌值偏差（%）	—	—	—	0.10	—

注：2010年开始逐渐开展短路阻抗试验，因此该主变在2008年时未进行过短路阻抗测试。根据《变电五通 短路阻抗测试细则》，容量100 MVA及以下且电压等级220 kV以下的变压器三相之间的最大相对互差不应大于2.5%，初值差不超过±2%。

2.7.2.1　频响法试验

（1）本次试验中，高压绕组、低压绕组测试报告分别见表2-23、表2-24。

表 2－23　高压绕组测试报告

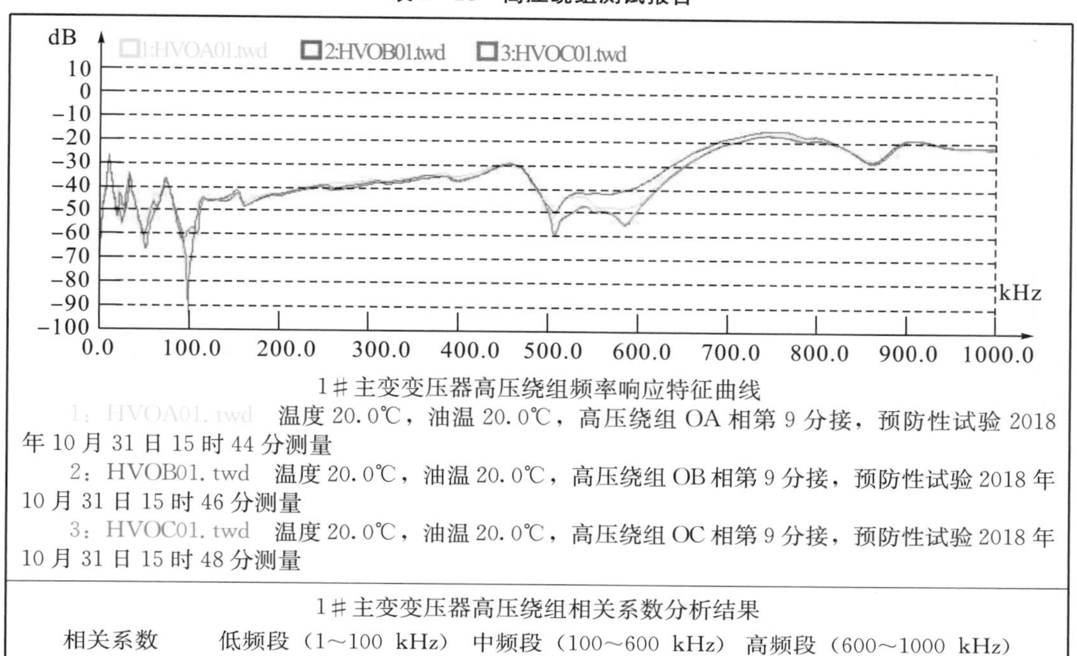

1＃主变变压器高压绕组频率响应特征曲线

1：HVOA01. twd　温度 20.0℃，油温 20.0℃，高压绕组 OA 相第 9 分接，预防性试验 2018 年 10 月 31 日 15 时 44 分测量

2：HVOB01. twd　温度 20.0℃，油温 20.0℃，高压绕组 OB 相第 9 分接，预防性试验 2018 年 10 月 31 日 15 时 46 分测量

3：HVOC01. twd　温度 20.0℃，油温 20.0℃，高压绕组 OC 相第 9 分接，预防性试验 2018 年 10 月 31 日 15 时 48 分测量

1＃主变变压器高压绕组相关系数分析结果

相关系数	低频段（1～100 kHz）	中频段（100～600 kHz）	高频段（600～1000 kHz）
R_{21}	0.97	1.20	2.56
R_{31}	1.28	1.17	1.62
R_{32}	0.83	0.78	1.59

表 2－24　低压绕组测试报告

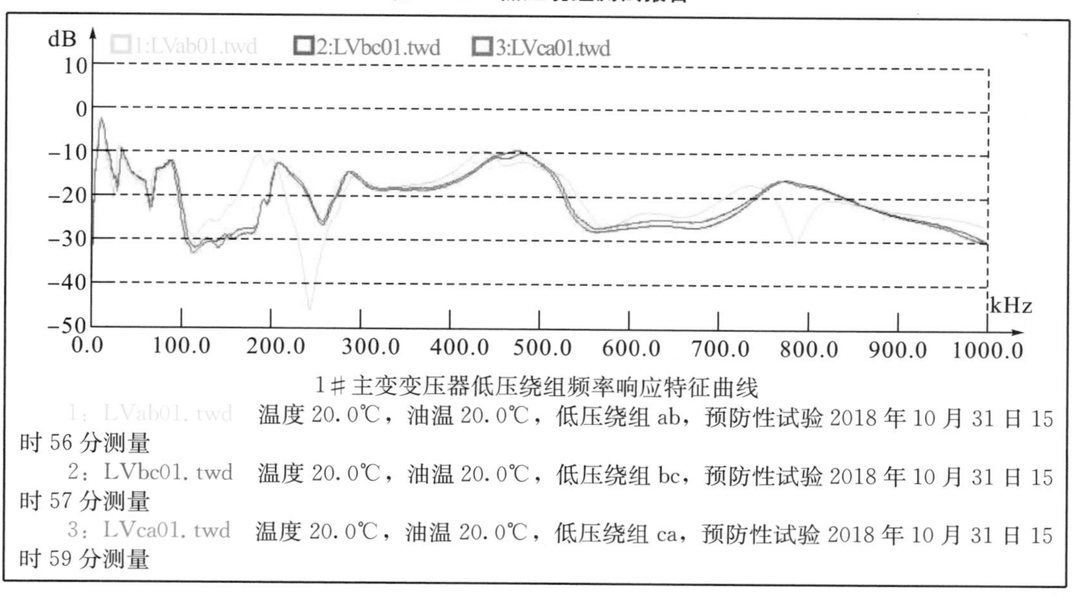

1＃主变变压器低压绕组频率响应特征曲线

1：LVab01. twd　温度 20.0℃，油温 20.0℃，低压绕组 ab，预防性试验 2018 年 10 月 31 日 15 时 56 分测量

2：LVbc01. twd　温度 20.0℃，油温 20.0℃，低压绕组 bc，预防性试验 2018 年 10 月 31 日 15 时 57 分测量

3：LVca01. twd　温度 20.0℃，油温 20.0℃，低压绕组 ca，预防性试验 2018 年 10 月 31 日 15 时 59 分测量

续表2－24

1＃主变变压器低压绕组相关系数分析结果			
相关系数	低频段（1～100 kHz）	中频段（100～600 kHz）	高频段（600～1000 kHz）
R_{21}	0.95	0.38	0.14
R_{31}	1.07	0.41	0.20
R_{32}	1.71	2.09	1.73

（2）2013 年试验中，高压绕组、低压绕组测试报告分别见表 2－25、表 2－26。

表 2－25 高压绕组测试报告

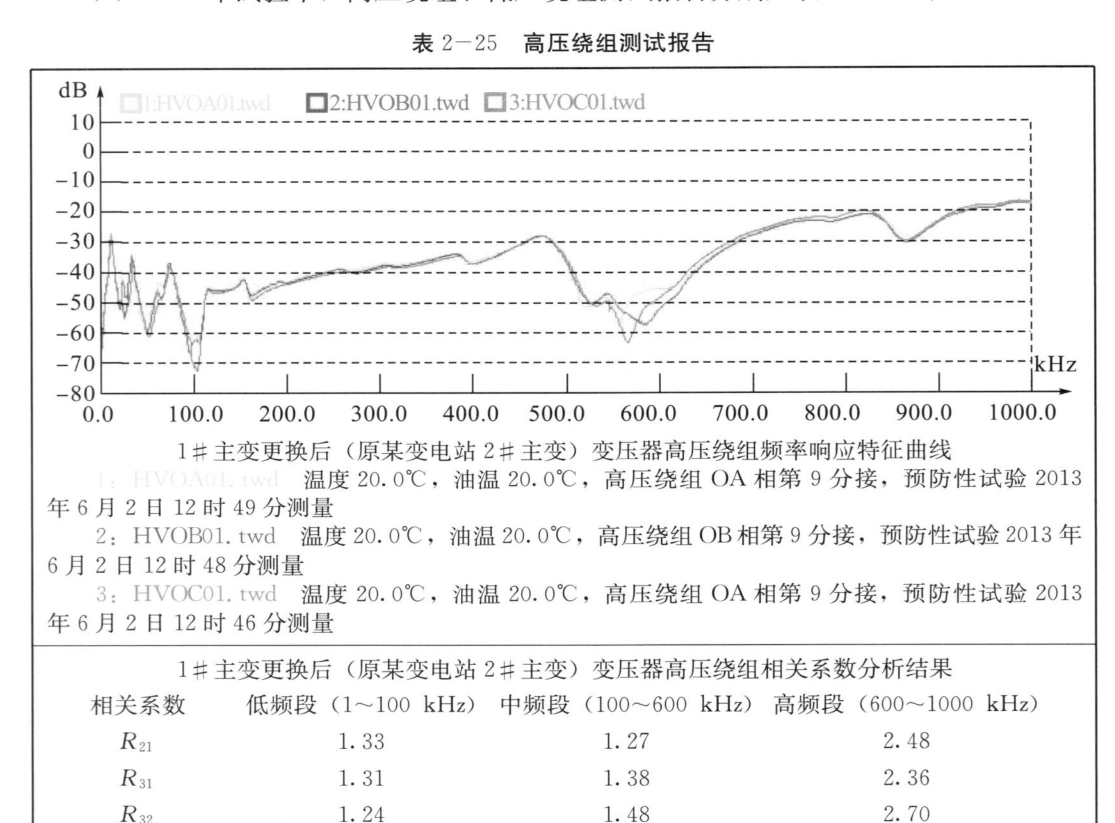

1＃主变更换后（原某变电站 2＃主变）变压器高压绕组频率响应特征曲线

1：HVOA01. twd 温度 20.0℃，油温 20.0℃，高压绕组 OA 相第 9 分接，预防性试验 2013 年 6 月 2 日 12 时 49 分测量

2：HVOB01. twd 温度 20.0℃，油温 20.0℃，高压绕组 OB 相第 9 分接，预防性试验 2013 年 6 月 2 日 12 时 48 分测量

3：HVOC01. twd 温度 20.0℃，油温 20.0℃，高压绕组 OA 相第 9 分接，预防性试验 2013 年 6 月 2 日 12 时 46 分测量

1＃主变更换后（原某变电站 2＃主变）变压器高压绕组相关系数分析结果			
相关系数	低频段（1～100 kHz）	中频段（100～600 kHz）	高频段（600～1000 kHz）
R_{21}	1.33	1.27	2.48
R_{31}	1.31	1.38	2.36
R_{32}	1.24	1.48	2.70

表 2-26　低压绕组测试报告

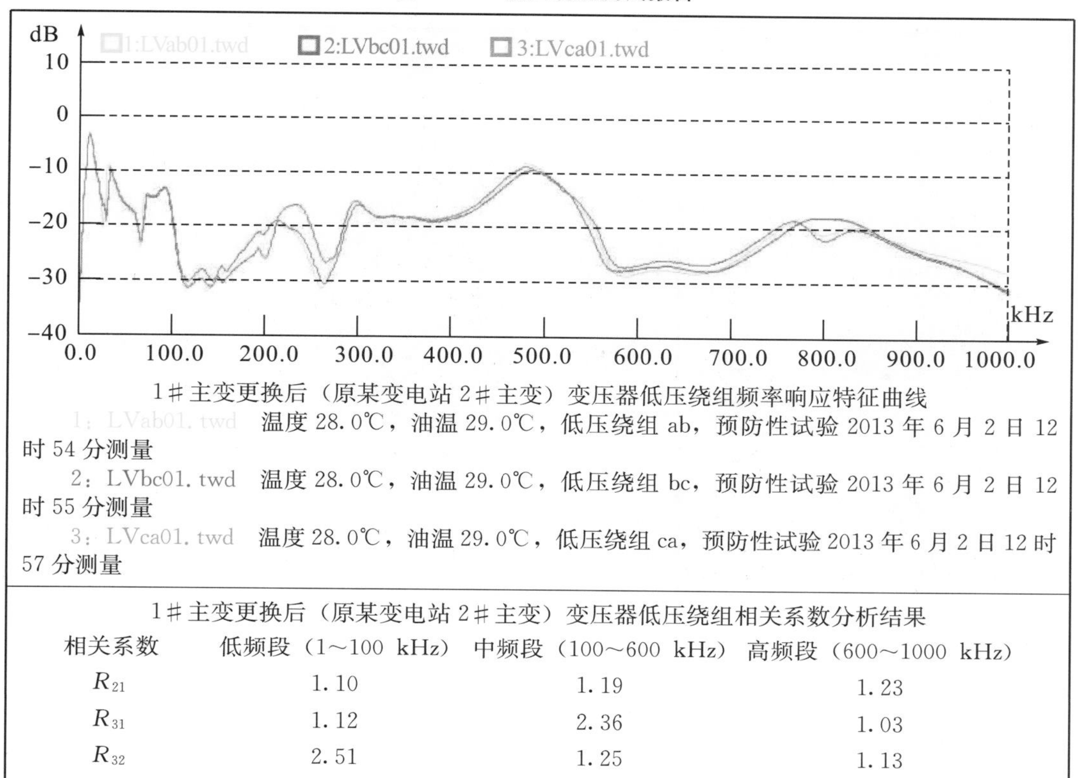

1＃主变更换后（原某变电站 2＃主变）变压器低压绕组频率响应特征曲线

1：LVab01. twd　温度 28. 0℃，油温 29. 0℃，低压绕组 ab，预防性试验 2013 年 6 月 2 日 12 时 54 分测量

2：LVbc01. twd　温度 28. 0℃，油温 29. 0℃，低压绕组 bc，预防性试验 2013 年 6 月 2 日 12 时 55 分测量

3：LVca01. twd　温度 28. 0℃，油温 29. 0℃，低压绕组 ca，预防性试验 2013 年 6 月 2 日 12 时 57 分测量

1＃主变更换后（原某变电站 2＃主变）变压器低压绕组相关系数分析结果

相关系数	低频段（1～100 kHz）	中频段（100～600 kHz）	高频段（600～1000 kHz）
R_{21}	1. 10	1. 19	1. 23
R_{31}	1. 12	2. 36	1. 03
R_{32}	2. 51	1. 25	1. 13

2. 7. 2. 2　油化试验数据

2013 年至今油化试验数据无明显异常和变化。

2. 7. 3　分析结果

根据主变本体电容量的变化、短路阻抗历次数据对比分析，判断绕组发生变形。返厂解体检查结果如图 2-37 所示，验证了分析判断的正确性。

图 2－37　返厂解体检查结果

2.8　变压器绕组变形综合判断法

本节主要是对前面绕组变形的案例进行总结归纳，形成变压器绕组变形的综合判断法。该方法将变压器短路阻抗解析表达式引入变压器绕组变形诊断中，用数学方法建立变压器短路阻抗解析表达式和各绕组变形趋势的直观对应关系，得到绕组变形的详细信息。再结合电容量法判断的结果，参考频响法的频谱，综合判断，可以大大提高绕组变形判断的准确率。此外，该综合判断方法还具备对变压器铭牌错误、出厂报告错误以及测试过程中的疏失误差进行初步判定的功能。

2.8.1　引言

变压器绕组变形判断是变压器诊断中的重点和难点，稍有不慎就会做出误判，究其原因，主要是还没有一种可靠的方法能够准确地判断绕组变形。目前，绕组变形判断方法主要有三种，即短路阻抗法、电容量法和频响法。短路阻抗法和电容量法受测试环境影响小，数据可信度高。频响法易受到测试环境的干扰[1]，且没有有效的判断准则，因此，在现场的工程实践中，大多数测试人员仅把频响法测试结果作为参考。在这三种方法中，仅有电容量法可以将电容变化量和绕组变化的趋势直接对应起来，比如，如果测得低压绕组对地电容量变大，根据电容的表达式，可以得出低压绕组有向铁芯塌陷的趋势。然而，从大量的工程实际来看，采用单一的方法很难得到一个值得信赖的结果，如果能够从其他方法中得到同样的绕组变形趋势，那么判断结果的可信度就大大提高了。由于频响法具有高度灵敏性和易受测试环境干扰的特点，典型频谱库中的绕组变形趋势很难与实际对应，唯一可能的是从短路阻抗测试结果得到绕组变形的趋势。但在短路阻抗的测试中，阻抗是通过电流、电压及功率计算出来的结果，不能直观地与绕组变形的趋势对应。在变压器设计中，短路阻抗还有个解析表达式，短路阻抗的解析表达式主要由绕组的尺寸和空间位置尺寸构成。能否从短路阻抗的解析表达式中得到绕组变形趋势呢？答案是肯定的，在近几年的故障诊断中，我们发现短路阻抗的变化趋势与绕组变形的变化趋势是有关联的，需要解决的问题就是如何通过数学方法将这种关联规律提炼出来，并证明其正确性，最终构建一套绕组变形的综合判断方法。

2.8.2　短路阻抗与绕组变形的关系

在短路阻抗测试时，常采用单相测试法。Y－△接法的变压器阻抗计算公式[2]如下：

$$U_K\% = \frac{\sqrt{3}}{6}\,\frac{U_{AB}+U_{BC}+U_{CA}}{U_N} \tag{2.1}$$

式（2.1）不能直观反映变压器绕组变形时的变化趋势。

在电力变压器设计计算方法[3-4]中，短路阻抗的计算通过磁路法得到如下的表达式：

$$U_K\% = \frac{49.6 f I_N W \sum D\rho}{e_1 h \times 10^6} \tag{2.2}$$

式中，f 为频率，I_N 为绕组额定相电流，W 为绕组匝数，ρ 为洛氏系数，e_1 为每匝电势，h 为绕组电抗高度。$\sum D$ 的计算公式如下：

$$\sum D = \frac{1}{3}a_1 r_1 + \frac{1}{3}a_2 r_2 + a_{12} r_{12} \tag{2.3}$$

式中，a_1，a_2 分别为内、外绕组幅向宽，r_1，r_2 分别为内、外绕组平均半径，a_{12} 为漏磁空道宽，r_{12} 为漏磁空道平均半径。如图 2－38 所示。

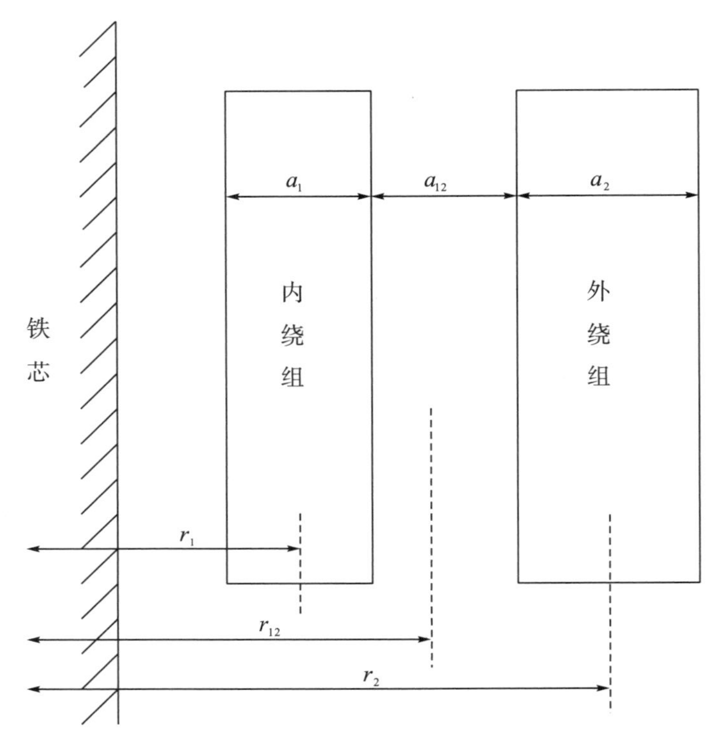

图 2－38　绕组尺寸分布情况

式（2.2）中，f，I_N，W，ρ，e_1，h 在相同的运行状态前后都是常量，因此式（2.2）可以表示为

$$U_K\% = K\sum D = K\left(\frac{1}{3}a_1 r_1 + \frac{1}{3}a_2 r_2 + a_{12} r_{12}\right) \tag{2.4}$$

从大量短路故障来看，不管是高压侧短路还是低压侧短路，高压绕组一般不会发生变形，即式（2.4）中 r_2 在工程上近似认为不变。另外，内、外绕组幅向宽 a_1，a_2 也几乎不会发生变化。因此，式（2.4）近似为关于 a_{12}的增函数，数学证明如下：

$$r_1 = r_2 - \frac{a_1 + a_2}{2} - a_{12} \tag{2.5}$$

$$r_{12} = r_2 - \frac{a_{12} + a_2}{2} \tag{2.6}$$

将式（2.5）与式（2.6）代入式（2.3），可得

$$\begin{aligned}\sum D &= \frac{1}{3}a_1 r_1 + \frac{1}{3}a_2 r_2 + a_{12} r_{12} \\ &= -\frac{a_{12}^2}{2} + \left(r_2 - \frac{a_2}{2} - \frac{1}{3}a_1\right)a_{12} + \frac{a_1 + a_2}{3}\left(r_2 - \frac{a_1}{2}\right)\end{aligned} \tag{2.7}$$

由式（2.7）可以直观地看出 $\sum D$ 的表达式是关于漏磁空道宽 a_{12} 的二次函数。对 $\sum D$ 的表达式求导数，即

$$\sum D' = -a_{12} + r_2 - \frac{a_2}{2} - \frac{1}{3}a_1 \tag{2.8}$$

由图2—38可以看出：

$$r_2 - \frac{a_2}{2} - a_{12} = r_1 + \frac{a_1}{2} \tag{2.9}$$

则有

$$\sum D' = r_1 + \frac{1}{6}a_1 \tag{2.10}$$

内绕组幅向宽 a_1 和内绕组平均半径 r_1 始终为正数，所以有

$$\sum D' = \frac{1}{6}a_1 + r_1 > 0 \tag{2.11}$$

因此，表达式 $\sum D$ 是关于漏磁空道宽 a_{12} 的增函数，$U_K\% = K\sum D$，则式（2.4）近似为关于 a_{12} 的增函数。

可以得到如下结论：

（1）如果短路阻抗的变化量是正偏差，则两绕组间的漏磁空道宽变大，即两绕组之间的距离变大。

（2）如果短路阻抗的变化量是负偏差，则两绕组间的漏磁空道宽变小，即两绕组之间的距离变小。

2.8.3　绕组变形综合判断法

从前面的分析可知，短路阻抗法和电容量法都能得到绕组变化的趋势，且这两种测试方法受测试环境干扰小，数据可信度高。如果通过这两种方法判断同一变压器的结果一致，再参考色谱和频响法的结果，那么判断结果是值得信赖的。如果判断结果不一致，那么所采用的测试数据和原始数据中可能存在疏失误差，需进一步辨识误差来源，并重新判断。因此，基于这种判断逻辑，可以建立一套变压器绕组变形综合判断的流程，如图2—39所示。

下面详细说明综合分析变压器绕组变形的流程。

（1）油色谱分析。

变压器短路冲击后，首先应测试主变的油色谱数据。在《输变电设备状态检修试验规程》中，330 kV及以上变压器油中乙炔气体的注意值为1 μL/L，其他电压等级变压器油中乙炔气体的注意值为5 μL/L。在现场工作中，如果乙炔有突变，即使很小，也应引起高度重视。如果乙炔突变超过注意值，变压器必须吊罩检查或返厂维修。同时，也要注意油中溶解的氢气与总烃含量、绝对产气速率、相对产气速率，在《输变电设备状态检修试验规程》中，它们的注意值分别是：氢气≤150 μL/L，总烃≤150 μL/L，绝对产气速率≤12 mL/d（隔膜式）或≤6 mL/d（开放式），相对产气速率≤10%/月。

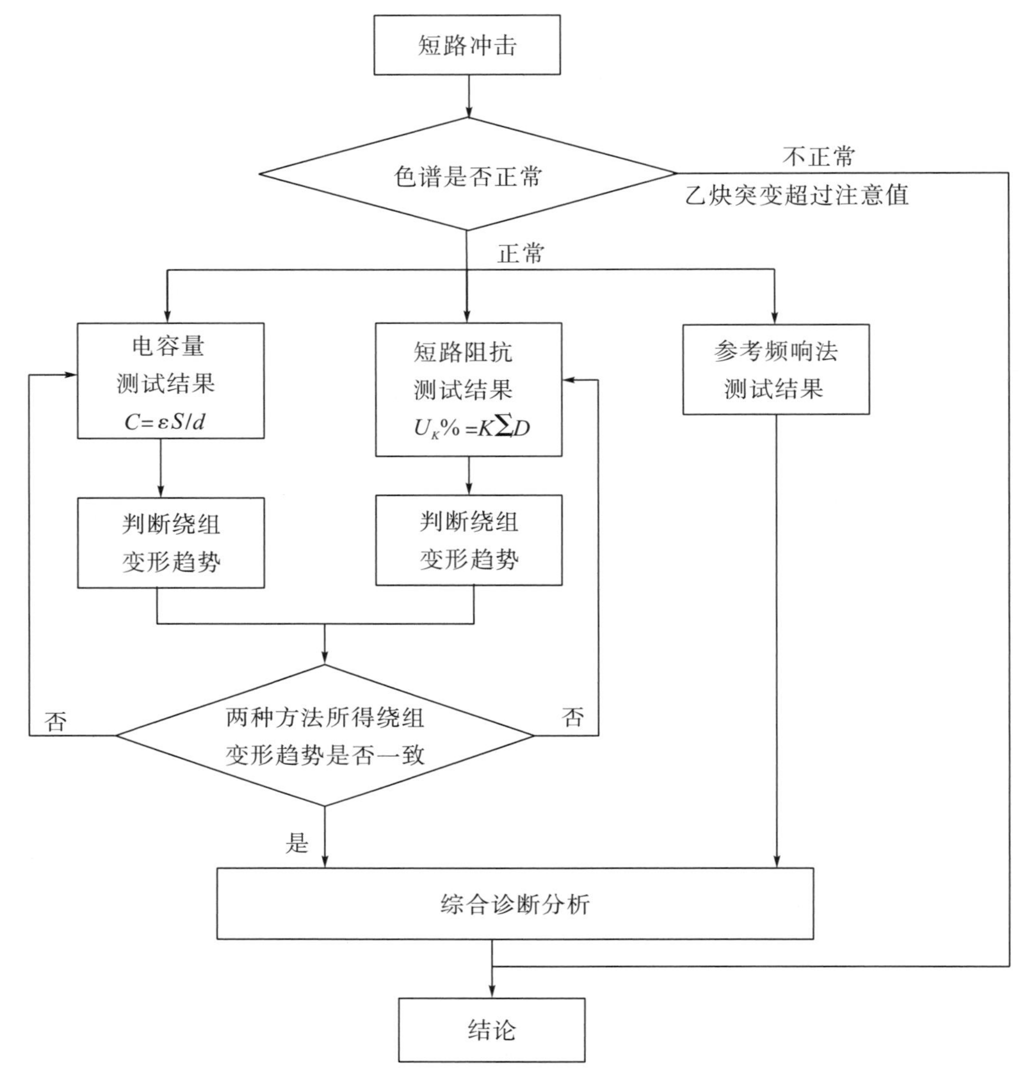

图 2－39　**变压器绕组变形综合判断流程**

（2）电气试验测试。

如果油色谱正常，则对变压器进行电容量、短路阻抗及频响法测试，获取本次试验的数据。

（3）试验数据判断分析。

将测试的电容量按公式进行换算，得出各绕组的电容量，并与历史数据比较，如果变化率较大（在《油浸式变压器状态评价导则》中给出了电容量变化量不能超过 5%），则根据电容量公式 $C=\varepsilon S/d$（其中，ε 表示介电常数，d 表示高中压绕组之间的距离，S 表示绕组的等效面积），分析变压器绕组的变形趋势。以高中压绕组之间的电容 C_{12} 为例，一般而言，ε 和 S 都不会变，所以电容量的变化主要反映了两绕组之间的距离 d 的变化。如果高中压绕组之间的电容 C_{12} 变大，说明两绕组之间的距离变小；如果高中压绕组之间的电容 C_{12} 变小，说明两绕组之间的距离变大。

将短路阻抗测试的结果与铭牌值进行比较，根据《电力变压器绕组变形的电抗法检测判断导则》中相对变化不超过±2%（220 kV 以上变压器为±1.6%）来分析判断。同时，利用短路阻抗变化量表达式 $U_K\% = K\sum D$ 判断绕组的变化趋势。如果短路阻抗的变化量是正偏差，则两绕组间的漏磁空道宽变大，即两绕组之间的距离变大；如果短路阻抗的变化量是负偏差，则两绕组间的漏磁空道宽变小，即两绕组之间的距离变小。

将频响法测试的图谱进行横向比较分析，首先观察三相频响图谱的一致性，再观察幅频响应特性曲线中的波峰或波谷分布位置及分布数量的变化，同时结合相关系数来判断绕组的变形程度。需要指出的是，该方法判断出的绕组变形趋势及程度只能作为参考。因为频响法对测试环境要求极为苛刻，其测试结果往往表现出：变压器绕组的确发生了变形，频响法能反映出来；频响法反映了变压器绕组存在变形，而变压器绕组实际上不一定变形。在现场的测试中常常反映出大部分变压器都存在变形，这与实际情况出入较大，容易引起误判。

（4）比较判断。

比较电容量法和短路阻抗法得到的变化趋势是否一致：如果一致，再参考频响法的图谱以及色谱和其他信息，可以直接给出判断结果；如果不一致，说明判断所采用的数据可能存在疏失误差，有可能是历史数据有误，有可能是测试数据有误，也有可能是铭牌值错误，需核实数据，综合分析，排除误差数据的影响后再进行判断。

（5）得出结论。

根据电容量法和短路阻抗法判断结果，参考频响法测试结果，并结合变压器的运行情况及历次短路冲击情况进行综合判断，得出结论。

2.8.4　综合判断法在绕组变形判断中的应用

采用这种变压器绕组变形综合判断流程，判断的准确性可以得到极大的提高。某公司近几年采用该方法快速准确地判断了大量故障变压器，发现了某些主变铭牌数据错误、厂家出厂报告错误以及施工单位提供假报告等极易造成误判的情况。下面给出两个案例说明该方法在变压器绕组变形判断中的具体应用。

案例 1：某供电公司一座 110 kV 变电站 2 号主变，型号为 S10－50000/110，额定电压为（110±8×1.25%）/10.5 kV，出厂时间为 2011 年 8 月。进行预防性试验时，发现绕组电容量与出厂试验值相比发生异常，见表 2－27。短路阻抗值、绕组的频响曲线以及其他常规试验项目测得的数据与出厂及交接试验数据比较差别均不大。

表 2-27　换算后各绕组电容量的计算值

C_x	出厂电容值（nF）	本次电容值（nF）	ΔC_x（%）
C_1	3.267	3.552	8.72
C_2	9.503	9.30	-2.12
C_{12}	5.017	5.312	5.88

由表 2-27 可以看出，高压绕组电容量增加，低压绕组电容量减少，两者之间的电容量增加，说明了高压绕组向铁芯收缩，低压绕组向铁芯外部扩张，两绕组之间的距离减小。但是短路阻抗值与出厂值几乎没有变化，通过短路阻抗表达式判断，高低压绕组之间的距离应没有变化。

电容量法和短路阻抗法的判断结果比较如图 2-40 所示，可以直观地得出判断结果是不一致。

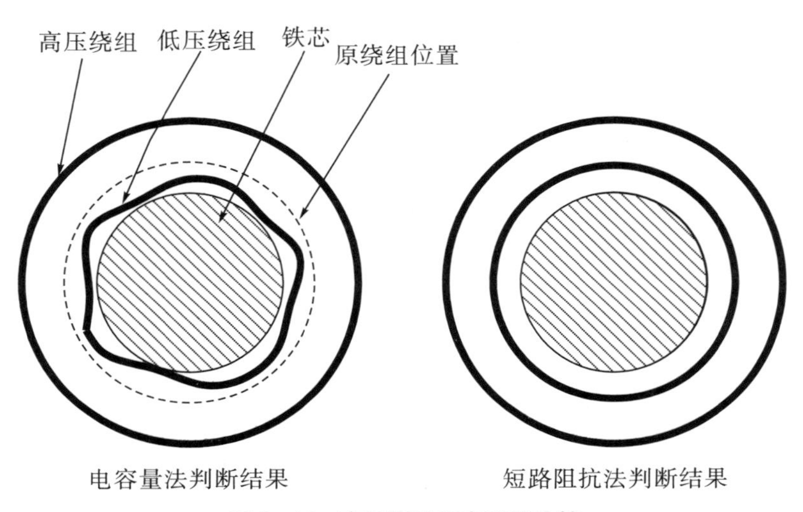

图 2-40　变压器绕组变形图比较

本次试验用不同型号的仪器和不同测试方法反复测过多次，排除了其他一切干扰因素，确定了本次试验数据的真实性。通过联系厂家，查询了原始记录，得知由于厂家笔误，高对低及地的电容量由 8.784 nF 写成 8.284 nF。厂家原始记录和出厂报告见表 2-28，可以判断该变压器运行状态良好。

表 2-28　厂家原始记录、出厂报告与本次试验数据比较

时间	测试部位	出厂电容值（nF）	本次电容值（nF）	电容量变化（%）
出厂报告	高→低及地	8.284	8.863	6.99
原始记录	低→高及地	8.784	8.863	0.9

案例 2：某供电公司 110 kV 变电站 1 号主变，型号为 SFSZ10-50000/110，额定电压为（110±8×1.25%）/(38.5±2×2.5%)/10.5 kV，额定电流为 262.4/749.8/2749.3 A。在预防性试验中，发现绕组电容量与出厂及交接试验记录相比严重异常，

短路阻抗值与铭牌值相比也严重异常，而且绕组的频响曲线也发生了异常，其他常规试验项目测量的数据与出厂及交接试验数据比较差别均不大。

出厂试验、交接试验和本次试验的电容量测试数据见表 2－29。

表 2－29　电容量的测试值

测试部位	出厂电容值（nF）	交接电容值（nF）	本次电容值（nF）
高→中、低及地	15.43	15.482	14.99
中→高、低及地	23.21	23.352	25.90
低→高、中及地	19.51	19.678	22.96
高、中、低→地	14.47	14.593	14.85
高、中→低及地	13.61	13.679	16.76
中、低→高及地	—	—	24.31

由于出厂试验和交接试验都忽略了高低压绕组电容 C_{13}，采用了 5 次接线方式，为了便于对比分析，本次试验也忽略 C_{13}。经过换算，各绕组电容量的计算值见表 2－30。

表 2－30　换算后各绕组电容量的计算值

C_x	出厂电容值（nF）	交接电容值（nF）	本次电容值（nF）	ΔC_x 本次－出厂	ΔC_x 本次－交接
C_1	2.915	2.9045	2.925	0.34%	0.71%
C_2	1.37	1.3925	1.4	2.2%	0.54%
C_3	10.185	10.298	10.525	3.3%	2.2%
C_{12}	12.515	12.5775	12.065	−3.73%	−4.25%
C_{23}	9.325	9.389	12.435	33.35%	32.44%

由表 2－30 可以看出，无论是与出厂值还是交接值相比，中低压绕组之间的电容量都增加了约 33%，高中压绕组之间的电容量小幅度降低，减小了 4.25%，低压绕组对地的电容量增加了 2.2%，说明中压绕组在电动力作用下向铁芯收缩，导致中压绕组与低压绕组间的距离大幅度减小，高中压绕组之间的距离小幅度增大。

短路阻抗试验中，测量采用单相低电压短路阻抗，其试验数据见表 2－31。

表 2－31　短路阻抗试验数据

绕组	铭牌 U_Ke%	实测 U_K%	偏差 ΔU_K%
高→低	17.71	18.15	2.48
高→中	9.99	10.4	4.1
中→低	6.60	6.16	−7.14

由表 2－31 可以看出，高低压绕组和高中压绕组的短路阻抗表现为正偏差，通过短路阻抗的解析表达式可知，高低压绕组和高中压绕组之间的距离增大。中低压绕组的短路阻抗表现为负偏差，说明中低压绕组之间的距离减小，与电容量分析结果一致。

如图 2－41所示。

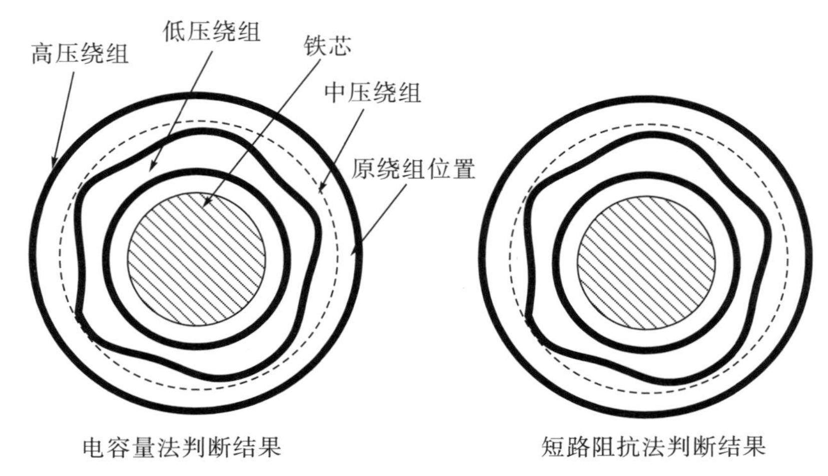

图 2－41　变压器绕组变形图比较

绕组单相电抗值的横向比较见表 2－32。

表 2－32　绕组单相电抗值的横向比较

绕组	Z_{KA}%	Z_{KB}%	Z_{KC}%	ΔZ_K%
高→低	18.02	18.43	18	2.4
高→中	10.32	10.28	10.62	3.3
中→低	5.8	6.44	6.24	11.03

由表 2－32 可以看出，中压对低压时相间偏差最大，其中 A 相的电抗值与其余两相偏差较大，因此可以初步判断 A 相绕组可能发生了严重变形。

利用频响法对变压器绕组进行测试，由于高、低压绕组频响曲线重合度较好，这里主要对中压绕组进行分析。中压绕组的频响曲线如图 2－42 所示。

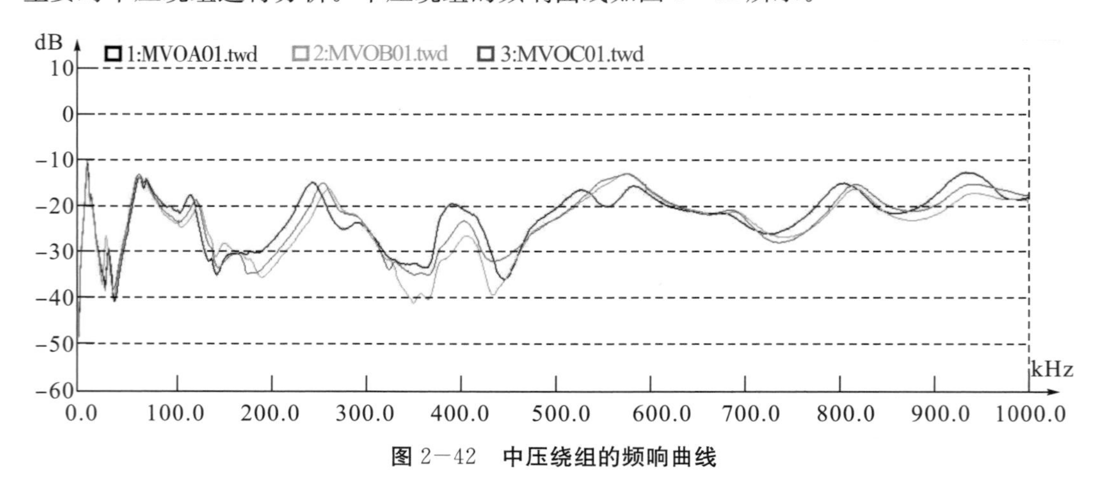

图 2－42　中压绕组的频响曲线

由图 2－42 可以看出，在中频段三条曲线一致性很差，峰值和频率变化较大。

综合电容量法和短路阻抗法的试验分析结果，参考频响法的测试情况，可以推断出此台变压器的中压 A 相绕组发生严重变形，于是决定将该主变返厂修理。解体检查发现中压 A 相绕组确实发生了鼓包，并且绝缘破损，如图 2－43 所示。由于该变压器绕组为漆包线，未形成匝间短路，所以油化试验和电气试验的其他项目都是合格的，并且运行至预试。

图 2－43　中压 A 相绕组变形情况

2.8.5　结语

本节对短路阻抗在变压器故障诊断中表现出的数据规律进行了提炼，建立了短路阻抗和绕组变形之间的直观联系，并结合电容量法，提出了一套准确性极高的综合判断方法。但应用该方法的前提是假设变压器高压绕组未发生明显变形。这一假设主要是根据大量故障变形器的吊罩检查做出的。对于常规变压器，中低压绕组是抗短路设计中的薄弱环节。由于高压绕组电流很小，受到的电动力很小，抗短路能力较强，一般不会发生变形。如果高压绕组发生了变形，采用该方法判断是不恰当的。

参考文献：

［1］电力变压器绕组变形的频率响应分析法（DL/T 911—2004）.

［2］李建明，朱康. 高压电气设备试验方法［M］. 北京：中国电力出版社，2001.

［3］《变压器》杂志编辑部. 电力变压器设计计算方法［M］. 沈阳：辽宁科学技术出版社，1988.

［4］路长柏，朱英浩. 电力变压器计算［M］. 哈尔滨：黑龙江科学技术出版社，1984.

2.9 本章小结

变压器绕组变形主要是由短路冲击引起的，短路冲击引起绕组变形具有累积效应，短路次数较多时甚至会出现严重变形。一般来说，第一次短路产生的变形量最大，随着短路次数的增加，单次短路变形增量越来越小，但多次变形量累积起来就会形成明显变形，直到最后一次短路冲击变形造成主变内部绕组对地，或相间，或匝间绝缘距离不够引起放电。

目前对变压器绕组变形的常用检测手段主要有频响法和短路阻抗法，从现场情况来看，频响法不一定能够反映绕组变形的真实情况，尤其是中、高频段极易受到干扰，可信度较低。低频段图谱主要是由绕组的电抗特性决定的，稳定性较好，可信度较高，如果低频段出现三相不一致，那么绕组变形的可能性极大。但不能反过来说低频段重合度较好，绕组就没有变形。在通过频响法判断绕组变形时，常采用相间比较和纵向比较（与历史图像对比）法。由于频响法易受干扰，纵向比较一般重复性较差，所以建议以相间比较为主。因为在同一次试验中，各相测试时具有相同油温、类似的布线以及相同的接地情况等有利条件，可信度较高。

变压器短路阻抗试验是相对成熟的测试项目，在 IEC 76－5 及 GB 1094 中均明确规定变压器短路前后应测短路阻抗。

主变绕组的电容量反映了绕组和周围环境的几何关系，是一个相对稳定的状态量。如果电容发生较大变化，说明绕组的空间位置发生了变化，那么绕组就可能发生了变形。在判断绕组变形时，建议以短路阻抗法和色谱分析为主，结合电容量测试的结果，参考频响法的结论和其他常规试验，以使判断更有把握。

第3章 变压器绝缘故障案例

3.1 220 kV 某变电站 2# 主变故障分析

3.1.1 故障基本情况

2019年8月12日15时10分，220 kV某变电站2#主变110 kV侧A相套管发生炸裂起火，主变差动保护动作，排油充氮灭火装置动作。故障造成220 kV某变电站2#主变202、102、902开关跳闸，某变电站2#主变失电。

套管炸裂后，套管上部绝缘油飞溅到变压器本体和大盖上，变压器器身局部起火，烧毁排油充氮灭火装置信号线绝缘，导致主变重瓦斯接点连通，触发排油冲氮装置动作。排空主变顶部变压器油避免了本体变压器油溢出。由于套管油量较少，器身上的明火持续约20 min后自动熄灭。

该主变生产厂家为山东济南西门子变压器有限责任公司，型号为SFPSZ9－150000/220，额定电压为220±8×1.25%/121/10.5 kV，2005年10月出厂。110 kV侧A相套管生产厂家为抚顺传奇套管有限公司，型号为BRDLW－126/1250－4，额定电压为126 kV，额定电流为1250 A，2005年出厂。

故障前1#主变201开关运行于220 kV Ⅰ母，101开关运行于110 kV Ⅰ母，901开关运行于10 kV Ⅰ母；2#主变202开关运行于220 kVⅡ母，102开关运行于110 kVⅡ母，902开关运行于10 kVⅡ母；220 kV母联开关、110 kV母联开关在合位。故障当天天气晴朗，主变温度正常，油色谱在线监测数据正常，负荷为1.4×10^5 kW。

3.1.2 主变故障后检查及原因分析

3.1.2.1 故障后外观检查

现场检查发现，2#主变 110 kV 侧 A 相、O 相套管上部瓷瓶炸裂，220 kV 侧 A 相、O 相套管上部瓷瓶部分破裂，变压器上二次电缆绝缘烧毁。

将受损套管拆除后检查发现，110 kV 侧 A 相套管下部瓷瓶炸毁，内部绝缘纸烧毁，均压环完好（如图 3-1 所示），110 kV 侧 O 相套管下部瓷瓶完好。进一步检查发现 110 kV 侧 A 相套管尾端绝缘纸发生贯穿性放电痕迹，从均压环向法兰盘方向发生击穿。A 相套管注油孔螺栓、注油孔位置如图 3-2、图 3-3 所示。

图 3-1 变压器外观

图 3-2　A 相套管注油孔螺栓

图 3-3　A 相套管注油孔位置

3.1.2.2　故障后试验情况

故障后，由于套管损坏，仅对主变进行绝缘和直流电阻测试。主变本体油乙炔含量高达 182.13 μL/L，中压侧绕组有接地，高低压绕组、铁芯绝缘正常，直流电阻正常，未损坏套管中微水含量普遍增加。

3.1.2.3　故障发展时序分析

通过调阅后台保护动作信息及故障录波数据，从差动保护装置录波（如图 3-4 所示）可以看出 2# 主变三侧都有差流，并且 A 相的差流值最大；从后备保护录波（如图

3—5、图 3—6 所示）来看，A 相电流都增大，并且中压侧 A 相电压降为零。2019 年 8 月 12 日 15 时 10 分 38 秒 737 毫秒，差动保护启动；14 ms 后差动速断动作出口，跳三侧开关。42 ms 后火灾报警动作，明火点燃主变上二次电缆，后续各种告警和保护动作均为二次电缆燃烧引起，102 s 后排油充氮动作。

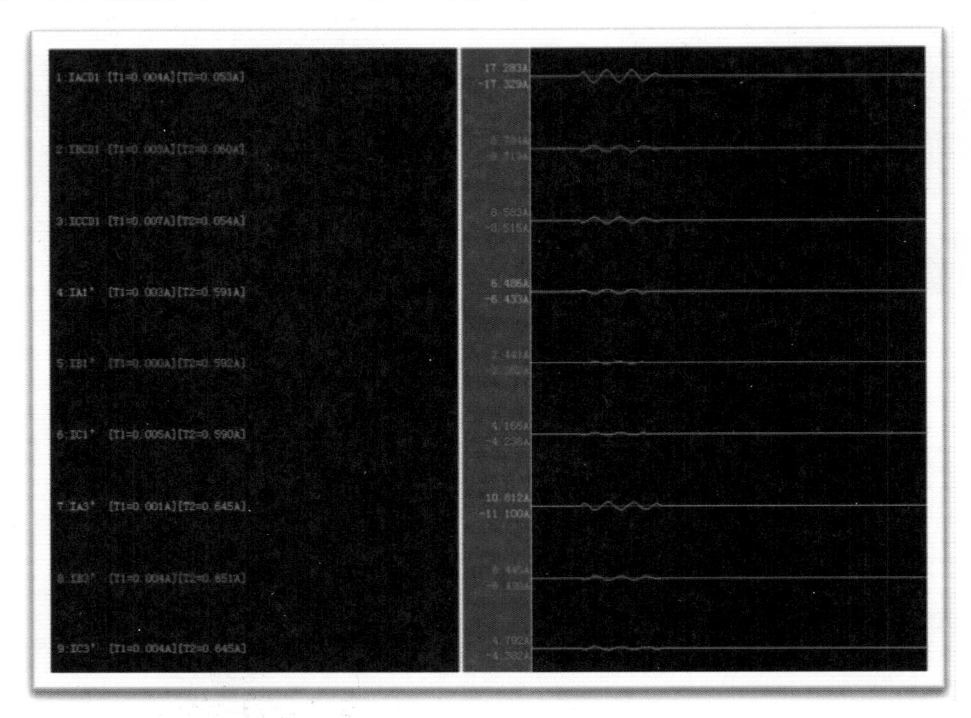

图 3—4　差动保护装置录波（电流经星形—三角形转换，高中压侧已消除零序）

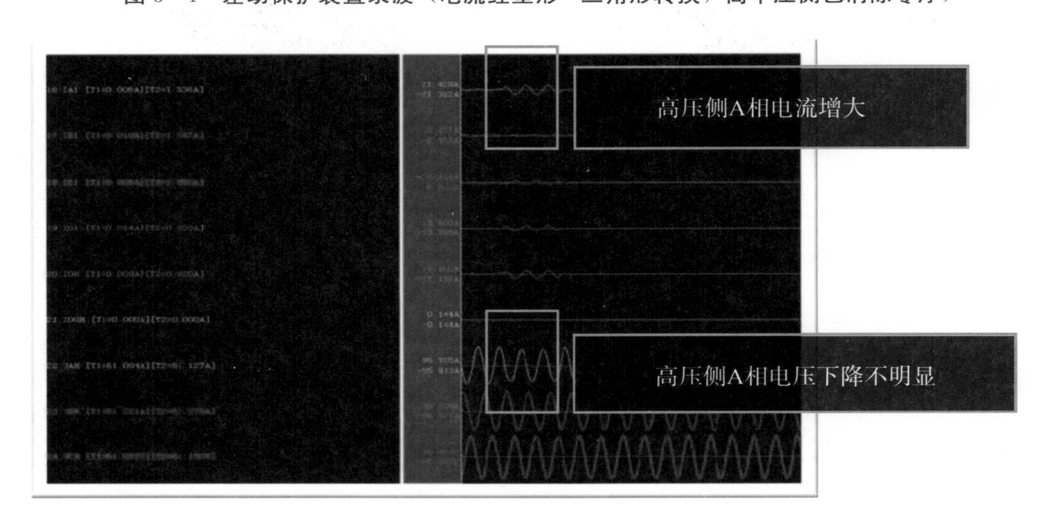

图 3—5　高后备保护录波

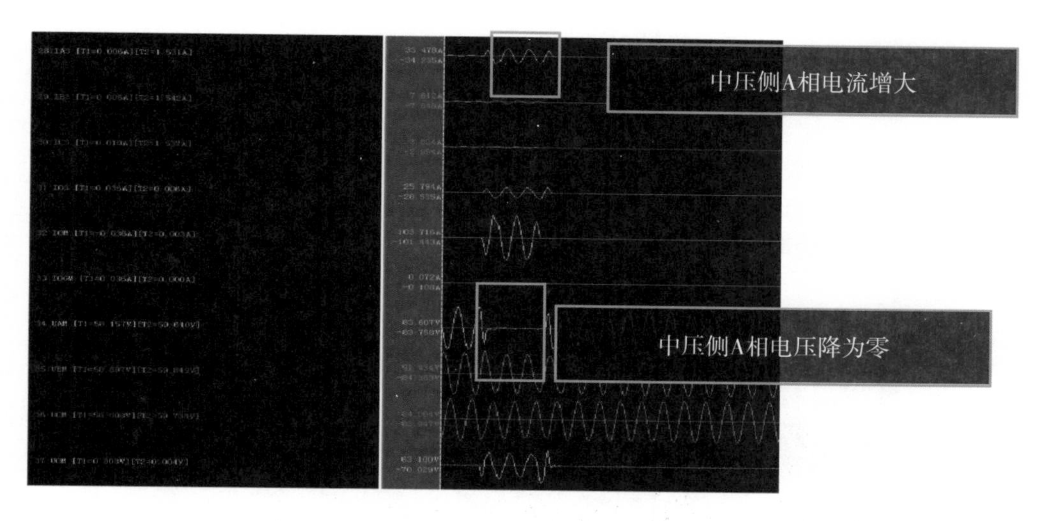

图3－6　中后备保护录波

3.1.3　故障原因分析

故障后，检查发现110 kV A相套管有明显炸裂痕迹，如图3－7所示，结合故障录波情况，可以判定A相套管发生了内部放电。对A相套管解体检查，发现套管上部绝缘被火烧损，中部至尾端完好，尾端有贯穿性放电，可以确定放电起始点位于套管尾端。

图3－7　中压侧A相套管解体

从保护动作情况、放电部位以及套管进水故障特征分析，疑似套管进水引发内部放电。对A相套管顶部注油部位进行检查，注油塞外观正常，不存在未拧紧的情况。拆开注油塞，发现O型密封圈已失去弹性，注油塞螺纹颜色暗淡（如图3－8所示）。

图3－8　A相套管注油塞

对中压侧套管注油塞密封圈压缩量进行测试，结果见表3－1。

表3－1　中压侧套管注油塞密封圈压缩量

相别	A	B	C	O
压缩量（mm）	0	0.38	0.46	0.40
材质	丁腈橡胶	丁腈橡胶	丁腈橡胶	丁腈橡胶

从测试结果可以判定110 kV A相套管注油孔密封圈局部区域压缩量为零，失去了

密封作用，如图 3－9 所示。

图 3－9　中压侧套管注油塞

根据 A 相套管注油部位结构可以推定进水过程如下：近期雷雨天气较多，突发暴雨时套管温度剧烈变化，温度降低导致套管内部形成负压，由于注油塞密封面位于套管顶部平面积水区域，且密封失效，雨水被吸进套管内部，在自身重力下沉入套管尾部。如图 3－10 所示。

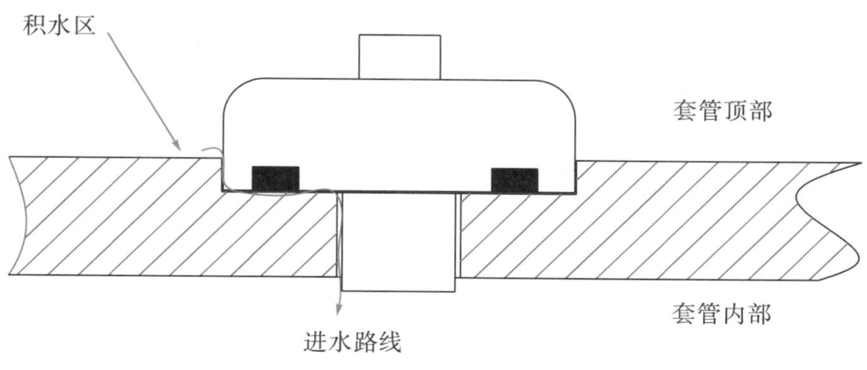

图 3－10　套管进水路线

3.1.4 套管设计隐患分析

3.1.4.1 O 型密封圈性能分析

从国内几家主流橡胶密封件公司了解到，O 型密封圈材质主要有丁腈橡胶、聚丙酸脂橡胶和氟橡胶。丁腈橡胶是一种低档次橡胶，耐候性差，易老化。聚丙酸脂橡胶和氟橡胶具有优异的耐热性、抗氧化性、耐油性、耐腐蚀性、耐大气老化性和回弹性。一般情况下，厂家为了降低成本，丁腈橡胶用于不可拆卸部位的密封，多为一次性使用，聚丙酸脂橡胶和氟橡胶用于检修过程中需要反复拆卸部位的密封。

该主变套管上有两个孔采用相同结构的密封，一个是顶部的注油孔，一个是套管中部法兰处的主变本体放气孔。虽然结构相似，却采取了完全不同的设计理念。放气孔经常拆卸，因此采用了性能优异的橡胶密封圈，密封圈压缩量为 35%，填充率为 90%。可以看出，放气孔的密封就是按照经常拆卸来设计的。顶部注油孔采用性能较差的丁腈橡胶，密封圈压缩量为 196%，填充率为 130%，这远远超出了《机械设计手册》（第五版）中的推荐标准。超高的压缩量会获得极好的密封效果，但也会加速密封垫圈的老化，产生永久变形和损伤，拆开后再恢复存在隐患。经与厂家核实，注油孔处密封确实未考虑经常取油样的需求，这与国网公司要求定期取油样存在冲突。

放气塞和注油塞如图 3-11 所示。

图 3-11 放气塞和注油塞

3.1.4.2 注油孔密封结构分析

为防止雨水吸入，国内绝大多数厂家将注油孔放在侧面。故障套管是抚顺传奇套管有限公司产品，该公司套管注油孔均设置在顶部（如图 3-12 所示）。前面已经分析过，注油孔密封失效时套管容易进水，引起放电故障（如图 3−13 所示）。为避免雨水吸入，该公司后期产品在注油孔处增加了防水凸台，让注油孔密封面高于套管顶部平面约 2 mm。这虽然是一点小改进，但对套管的可靠性来说却有深远的影响。有了这个凸台，雨天时注油孔密封面不再浸泡在水里，避免了吸入雨水（如图 3−14 所示）。

当注油孔密封减弱或失效时，套管会随着温度变化产生呼吸现象。如果注油孔密封面在空气中，则吸入潮气，套管绝缘逐渐劣化，这一过程比较漫长，完全有可能在下一次停电例行试验时及时发现受潮隐患，避免发展为故障。如果注油孔密封面浸泡在水里，套管将直接吸入雨水，绝缘急速下降，在短时间内发生放电故障。

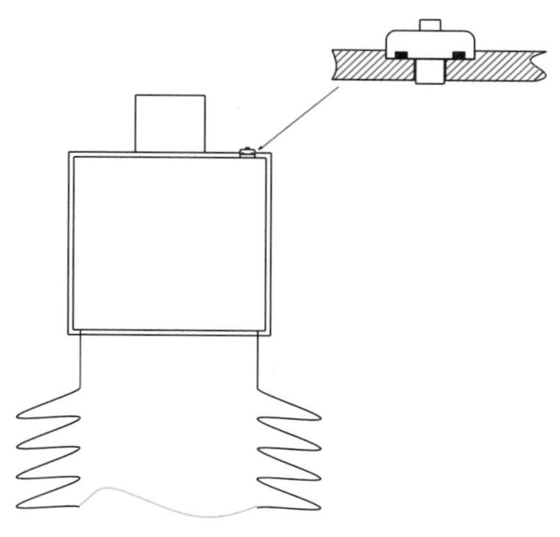

图 3−12　注油塞位置

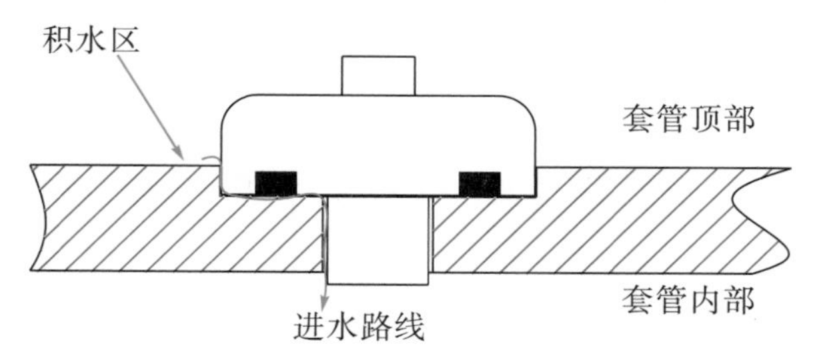

图 3−13　早期注油塞密封结构

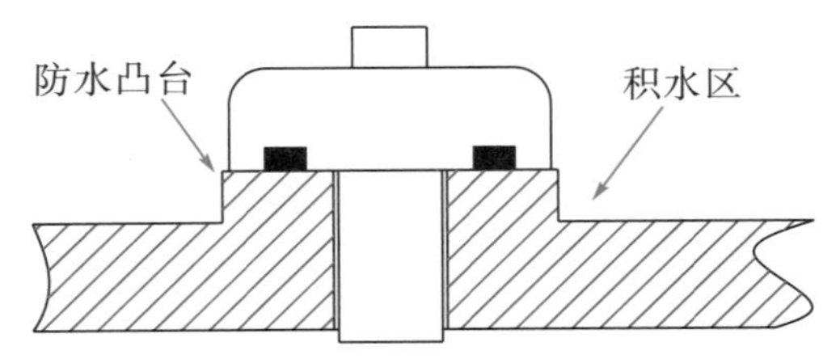

图 3-14 套管注油塞改进结构

综上所述，可以判定本次故障是由于 2＃主变 110 kV 侧 A 相套管在夏天多次暴雨时吸入雨水，引起套管内部放电，炸裂起火，烧毁主变本体端子箱，损坏相邻套管。

3.1.5 措施建议

（1）针对抚顺传奇套管有限公司该类型套管存在的问题，尽快进行停电检测，检查是否受潮、进水；套管取油前若需打开头部油塞，应先清洁头部油塞附近部位，避免油塞打开时杂质吸入套管内部。另外，每次取油后应更换油塞的胶垫，并选用聚丙酸脂橡胶和氟橡胶材质的胶垫，避免因胶垫老化造成密封不良。

（2）联合相关厂家，针对抚顺传奇套管有限公司套管易进水隐患，重新设计注油塞密封，避免套管密封失效。

（3）套管运行过程中加强带电检测，监测套管油位，观察有无渗漏油现象及异常声响。

3.2 某变电站主变绝缘击穿故障

3.2.1 故障情况简介

2014 年 6 月 18 日 20 时 46 分 07 秒，110 kV 某变电站Ⅰ＃主变场地发生爆炸声响，主控后台发出Ⅰ＃主变两侧 130＃、931＃开关跳闸，本体轻重瓦斯动作，压力释放器动作的信号；运行人员迅速赶往设备区巡视检查，发现Ⅰ＃主变 110 kV 侧 C 相套管爆炸，Ⅰ＃主变本体起火，Ⅰ＃主变本体大盖严重喷油。

3.2.2　现场检查情况

Ⅰ#主变 110 kV 侧三只套管已炸裂，其中 110 kV 侧 C 相套管烧损最为严重，并被冲至地面，图 3−15（a）、（b）、（c）分别是 C、B、A 相套管，B 相套管靠近 C 相的瓷套破裂，靠近 A 相的瓷套还残留一部分，说明 B 相套管受到来自 C 相套管的冲击力。同时，检查Ⅰ#主变 110 kV 侧引线，发现 B、C 相引线线夹断裂，而 A 相引线线夹完好。

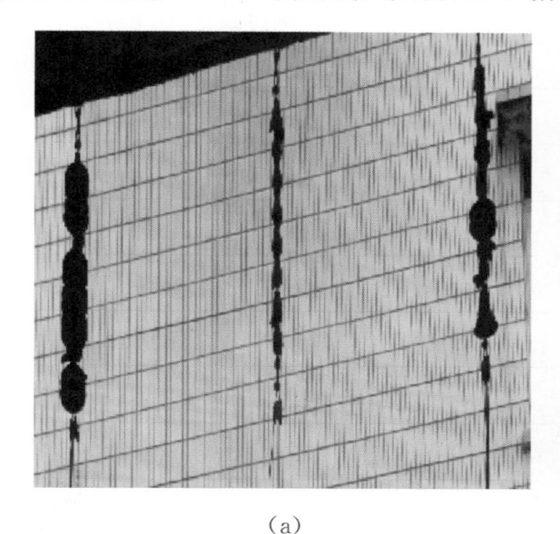

（a）

（b）

（c）

图 3−15　主变烧损情况

检查Ⅰ＃主变 110 kV C 相套管瓷瓶，发现瓷瓶内部上端区域有明显的圆形放电区域和长条形放电痕迹（由上至下部末屏接地处）。经测量，放电点为位于距套管顶部储油柜 33 cm，半径为 5 cm 的圆形区域，该放电区域恰好位于套管电容屏零屏与一屏之间。

图 3－16 套管放电痕迹

事故后，对变压器本体油进行取样分析，油色谱数据见表 3—2。

表 3—2　油色谱数据

单位：μL/L

日期	H_2	CO	CO_2	CH_4	C_2H_4	C_2H_6	C_2H_2	总烃
2011 年 10 月 11 日	35.58	1296.60	4193.59	27.67	1.80	5.38	0	34.84
2013 年 9 月 23 日	19.91	998.79	4725.67	23.55	1.74	5.72	0	31.01
2014 年 6 月 18 日	177.73	1237.39	5422.54	176.18	109.07	44.77	43.87	373.89
注意值	150						5	150

由Ⅰ＃主变本体故障后油样数据可以看出，C_2H_2含量为 43.87 μL/L（注意值为 5 μL/L），H_2含量为 177.73 μL/L（注意值为 150 μL/L），总烃含量为 373.89 μL/L（注意值为 150 μL/L），三比值为 101，按照《变压器油中溶解气体分析和判断导则》中的故障类型判断方法可知，其故障类型为低能放电。如果是Ⅰ＃主变本体内部故障导致此次事故，C_2H_2与总烃含量一定会超标很多，低能放电不会引起套管的爆炸，况且主变着火被扑灭后取的油样分析结果会受到一定程度的干扰，故可排除主变内部故障。再次与Ⅰ＃主变高后备保护装置未启动吻合。

综合保护故障录波和现场情况的分析排除了主变本体的故障，将故障的始发点聚焦到了 110 kV 侧 C 相套管处。

3.2.3　故障原因分析

3.2.3.1　套管缺油

当Ⅰ＃主变发生故障时，110 kV 侧 C 相套管被炸飞至地面，第二天检查时发现，套管储油柜内仍有大量变压器油。对套管储油柜进行解体，发现压紧弹簧上仍有被变压器油浸泡过的痕迹，这说明故障前储油柜是有油的，排除套管缺油的可能。套管为直立式，排除假油位的可能。

2014 年 5 月 26—29 日，Ⅰ＃主变 10 kV 931 间隔、10 kV 1＃站用变 916 间隔等十个间隔开关大修期间，运维检修部督察人员到现场督察时，检查Ⅰ＃主变本体、有载、套管油位，发现外部无渗漏油现象，油位均在正常范围内。

综上所述，可以排除套管缺油的可能性。

C 相套管解体情况如图 3—17 所示。

图 3－17　C **相套管解体**

3.2.3.2　末屏接地不良

若末屏接地不良，末屏对地会形成一个电容，而这个电容远小于套管本身的电容，按照电容串联的原理，将在末屏与地之间形成很高的悬浮电位，造成末屏对地放电，烧毁附件的物体。对故障套管解体发现，末屏接地外观良好，接地螺帽未发现高温烧结痕迹，同时，套管内部放电区域未在末屏附近，可基本排除套管末屏接地不良导致套管故障的可能性。

3.2.3.3　套管进水受潮

对Ⅰ＃主变三相套管的注油孔进行了检查，发现注油孔胶垫有破损。C 相套管解体情况如图 3－18 所示。

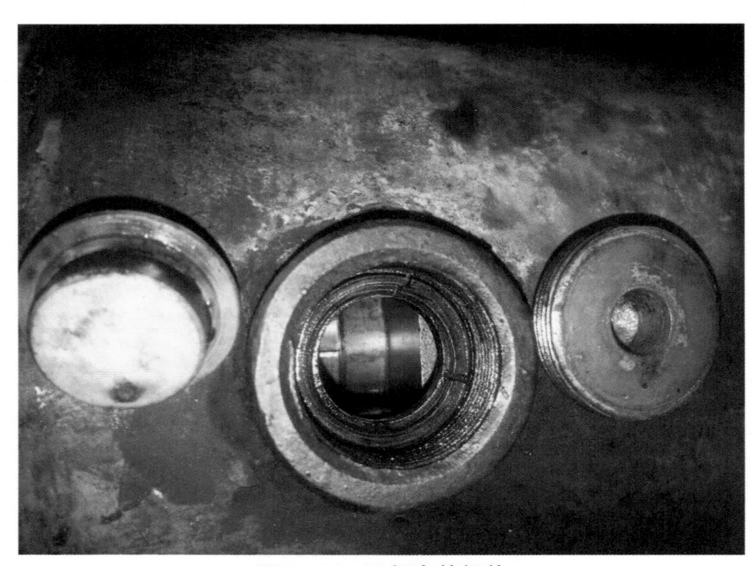

图 3－18　C **相套管解体**

2014 年 7 月 1—3 日，利用停电机会对本站Ⅱ#主变套管进行了检查，Ⅱ#主变套管与Ⅰ#主变套管为同一批次产品。在对套管取油样前，检查套管注油孔胶垫密封情况，注油孔螺丝紧固，说明上次取油样时注油孔螺丝正确恢复；拧开螺丝，检查内部胶垫及密封情况，发现 O 相套管胶垫老化，内部有进水受潮的痕迹，A 相套管内部正常无进水痕迹，C 相套管内部有受潮情况，现场对注油孔胶垫进行了更换。如图 3-19 所示。

（a）O 相套管胶垫

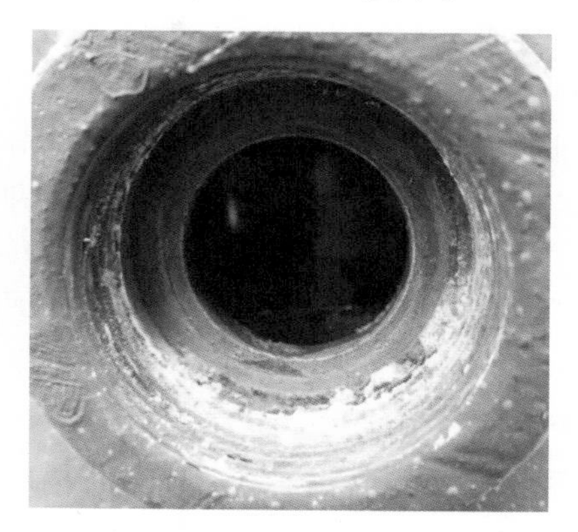

（b）O 相套管进水痕迹

（c）C 相套管进水痕迹

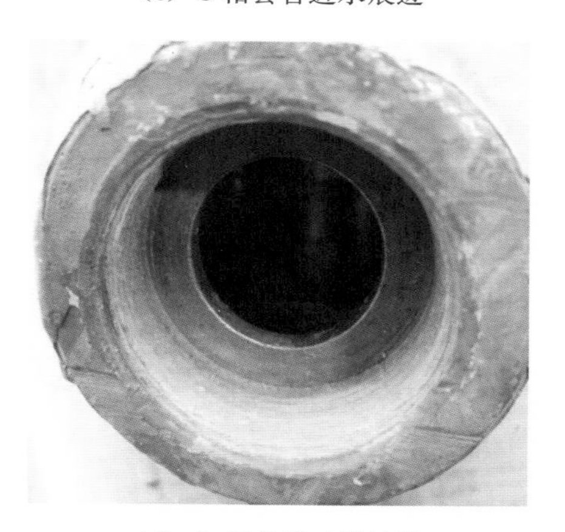

（d）A 相套管正常情况

图 3-19　Ⅱ#主变套管检查

通过对故障套管的同一批次套管进行检查，证明了推断，110 kV 套管爆炸的原因是套管注油孔胶垫存在质量缺陷，易老化变形，从而导致套管进水受潮。

最近该厂家套管发生的类似故障如下：某局 500 kV 电容套管在爆炸前两个月刚刚进行过检修试验，某电厂电容套管试验后半年发生爆炸事故，某省一台变压器套管在年度检修时发现产品介质损耗变大，通知厂家现场协助检查，发现套管已进水受潮，解体后发现在储油柜油塞有进水的痕迹。上述故障均为套管储油柜注油孔胶垫质量缺陷所致。经检查，该系列套管注油孔胶垫存在一定的质量缺陷，易老化变形，导致套管受潮进水。目前厂家已经改进了设计，专门定制胶垫用于密封。

套管储油柜注油孔胶垫老化引起密封不严，水分进入储油柜，顺着导电杆流下（厂家进行过模拟实验），在零屏与一屏之间积聚，导致绝缘状况劣化，产生局部放电，零屏与一屏之间电容击穿，在套管内部留下放电痕迹。如图 3−20 所示。

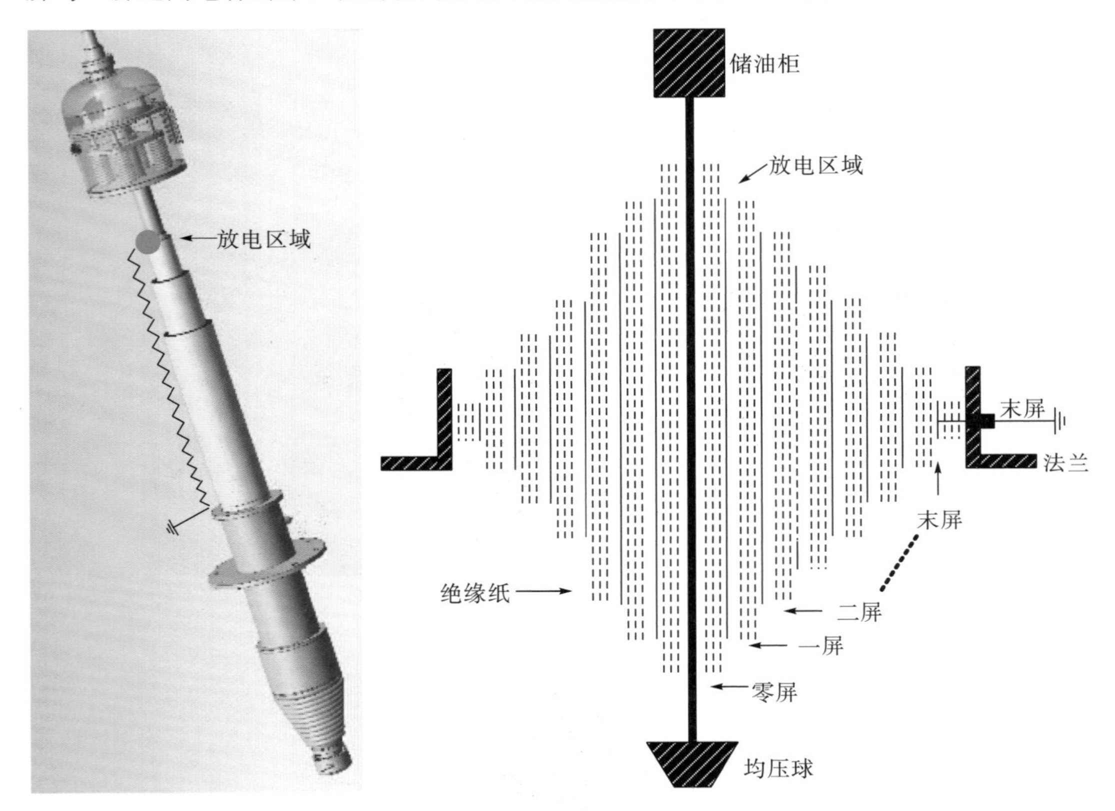

图 3－20　套管放电示意图

套管注油孔的结构如图 3－21 所示，由定位块固定胶垫，外部利用螺塞旋转压紧定位块下方胶垫，从而实现套管内部的密封。图 3－21（b）中套管注油孔定位块的结构为与故障套管同一批次产品的结构，胶垫为压缩后的状态，其厚度为 2.9 mm，定位块正常压紧后剩余间隙为 2.44 mm，而胶垫被压紧后的厚度为 2.4 mm，说明螺塞已压紧定位块，并有 0.04 mm 的裕量，胶垫被压缩了 17%，而胶垫压缩量控制在 30%左右才能起到较好的密封效果，说明该批胶垫已老化变形，压缩量减小，密封性能变差。

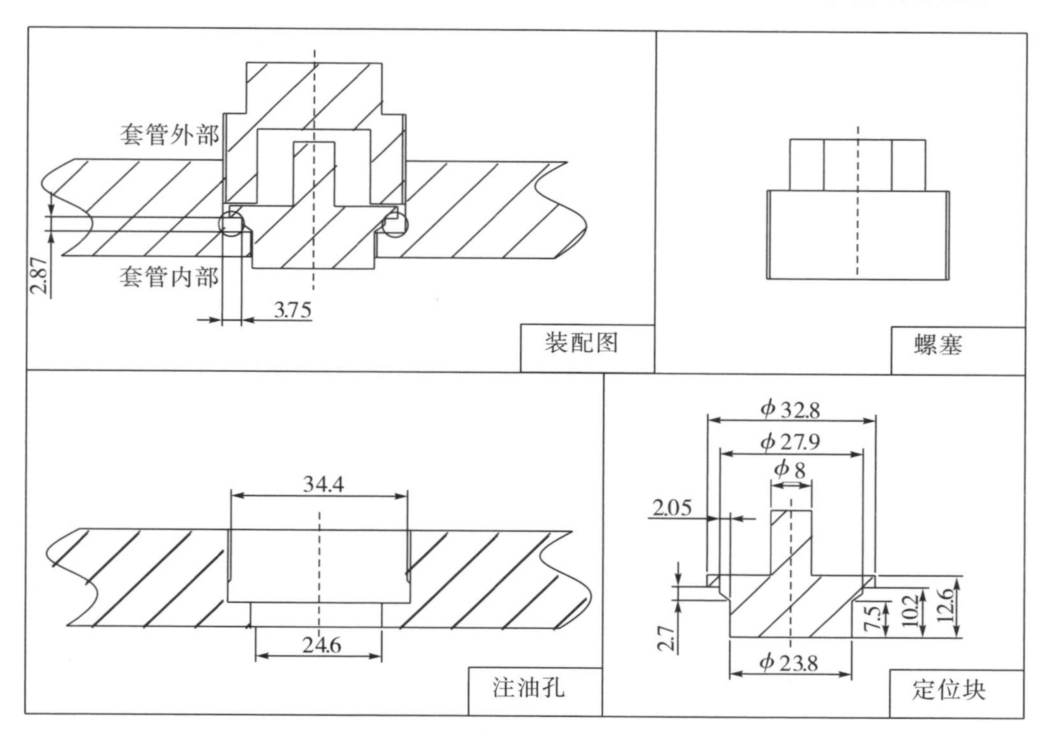

（a）套管注油孔装配图

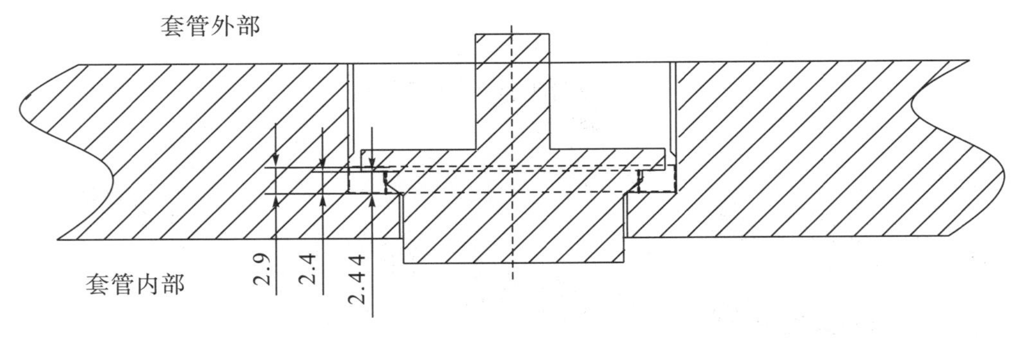

（b）套管注油孔定位块的结构

图 3－21　套管注油孔的结构

3.2.4　措施及建议

套管每次取油样和注油后必须更换取样口和注油口的密封垫并涂厌氧胶，这是确保套管密封切实可行的有效措施。同时，可加强红外测温在套管故障诊断中的应用。

红外热成像检测方法可以有效检查变压器套管在运行条件下的各种热缺陷和故障。一般可以检出三类缺陷：一是因其绝缘不良而使介损增大；二是套管引出线连接不良，造成接触电阻增大引起将军帽局部发热；三是因套管泄漏（内漏和外漏）或注油未排气而造成缺油现象。

同时，相关部门应加强对电压致热型缺陷精确测温的培训，配置红外测试设备，积累经验，逐步建立缺陷典型红外图谱，以便利用红外测温提前发现隐患。

附录：套管结构

高压电容型变压器套管是用来将高压电流引入或引出变压器，并起到电气绝缘和机械支撑的作用。它的结构具有内、外绝缘两部分：内绝缘为一圆柱形电容芯，由绝缘纸和多层铝箔极板卷制而成，从贴近套管的“零屏”到外部的“末屏”，随着直径增大，长度逐步缩短，使两层铝箔之间的电容大体相同，由此控制轴向和径向电场，均匀端部场强分布；外绝缘为瓷套，瓷套的中部有供安装用的连接套筒（也称法兰），头部有供油量变化的储油柜，法兰以下的瓷套伸入变压器油箱内，也是内绝缘的容器，使瓷套内绝缘实现全封闭。套管结构如图 3－22 所示。

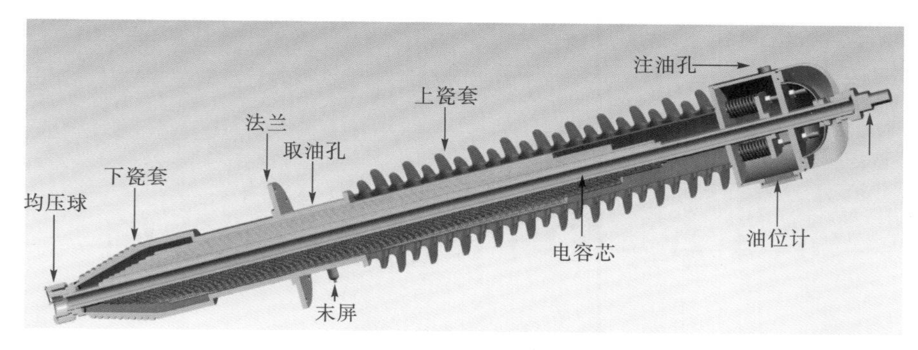

图 3－22　套管结构

套管经总装密封后，抽真空注入变压器油。套管中的油与变压器本体的油是不相通的。套管轴向利用压紧弹簧紧固，以补偿导电杆的伸缩。除主体结构外，为运行维护需要，在储油柜上有油位指示器，套筒上装有末屏（用来测量电容芯的绝缘）接地小套管，还有取油孔和注油孔等。为屏蔽尖端的高电场，套管的下端装有均压球。

套管按通流导体结构不同可分为穿缆式和导杆式两种，如图 3－23 所示。穿缆式套管的绕组引出线从套管底部穿入，一直延伸到套管头部，用带有螺纹的导电头旋到导电座上（俗称将军帽）。导杆式套管的绕组引出线是在油箱内部用螺栓与套管的导杆连接，导杆直接载流。

（a）穿缆式

（b）导杆式

图 3－23　套管的通流导体结构

第 4 章　XLPE 电缆故障案例

本章主要介绍了几起 XLPE 电缆故障案例，首先介绍了 XLPE 电缆的结构和原理，然后从结构和原理出发对各案例进行了分析。希望通过本章的内容能为电缆的设计、运行、试验提供经验和借鉴。

4.1　XLPE 电缆相关基础知识

4.1.1　XLPE 电缆的结构

XLPE 电缆的结构如图 4-1 所示。

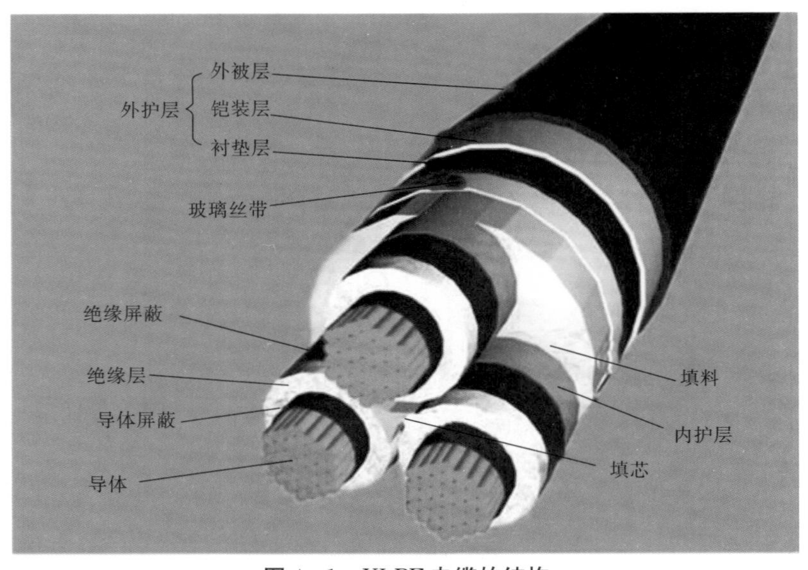

图 4-1　XLPE 电缆的结构

导体：通常用导电性好、有一定韧性和强度的高纯度铜或铝制成。除有特殊要求外，导体一般采用多股紧压而成。

导体屏蔽：由半导体材料组成，具有较低的体积电阻率，与导体接触，与绝缘层紧密贴合。

绝缘层：由交联聚乙烯塑料制成，具有较高的体积电阻率和击穿场强，较低的介质损耗和介电常数，并有较好的耐热和机械性能。

绝缘屏蔽：结构和功能与导体屏蔽类似，其与内护层（金属屏蔽层）相接触，与绝缘层紧密贴合。

内护层：一般为铜带，按一定方式绕包在绝缘屏蔽上，工作时，内护层引出接地。

填芯和填料：作填充用，使电缆整体成圆形。

玻璃丝带：包裹着导体及填芯，使电缆成圆形。

外护层：包覆在电缆护套（内护层）外面的保护覆盖层，主要起机械加强和防腐蚀的作用。金属护套的外护层由衬垫层、铠装层和外被层三部分组成。衬垫层位于金属护套与铠装层之间，起铠装衬垫和金属护套防腐蚀作用；铠装层为金属带或金属丝，主要起机械保护作用，金属丝可承受拉力；外被层在铠装层外面，对金属铠装起防腐作用。

4.1.2　XLPE 电缆的工作原理

电缆的功能为输送电能，对其有两方面的要求：一是能通过电流，二是能承受电压。电缆通过电流的原理不是我们关心的内容，下面对其承受电压的能力，即绝缘原理进行介绍。

每相电缆内存在两个电极：处于高电势的导体和处于地电势的铜屏蔽层（内护层），电场在两者之间存在。两个电极为同轴圆柱面，电极之间为交联聚乙烯绝缘层，理想情况下，电极之间的等势面为与两个电极同轴的圆柱面，其电场分布如图 4−2 所示。

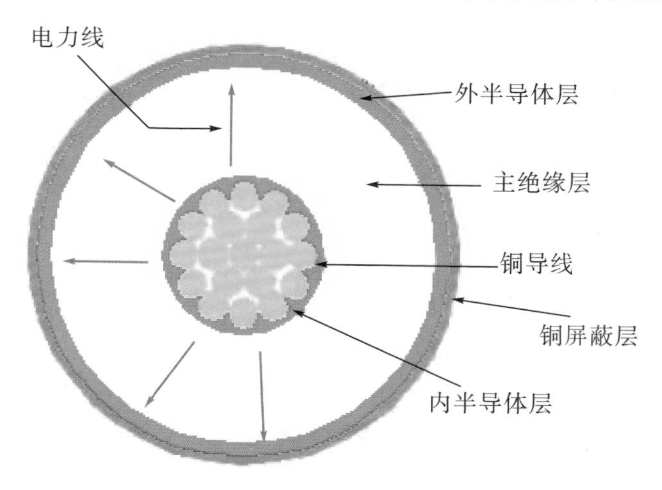

图 4−2　理想情况下电缆电场分布

实际情况中，两个电极的材料和结构使其不可能与绝缘层紧密贴合，其间总会存在气泡，气泡会造成局部放电，因此，在两个电极与绝缘层之间加入了半导体屏蔽层。半导体屏蔽层电阻率较低，可以视为与导体和金属屏蔽层等势，原来的两个电极由半导体屏蔽层代替，而现代生产 XLPE 电缆的工艺为导体屏蔽、绝缘层、绝缘屏蔽三层共挤，半导体屏蔽层与绝缘层贴合紧密，大大减小了局部放电。

在加入半导体屏蔽层之后，在电缆正常工作的情况下，径向的电场不会对绝缘造成威胁。但由于绝缘层与半导体屏蔽层不是一体，其间总会存在交界面，其交界面沿轴向的击穿场强往往只有径向的$\frac{1}{10}$。因此在电缆中，轴向的场强应当被限制。

电缆本体中，由于电极形状不是绝对的圆柱体，其内的绝缘介质也不是绝对均匀，所以总会存在一定的轴向场强，工艺良好的电缆轴向场强很低，不会对安全运行造成影响。

但由于电缆需要与其他设备相连，存在电缆终端，需要将绝缘层外的半导体屏蔽层剥离，被剥离的电极在截断处曲率半径很小，使电场在该处集中，轴向场强很强，如果不加处理，该处极可能发生沿绝缘层表面的闪络，影响电缆安全运行。半导体屏蔽层剥离后的电场分布如图 4－3 所示。

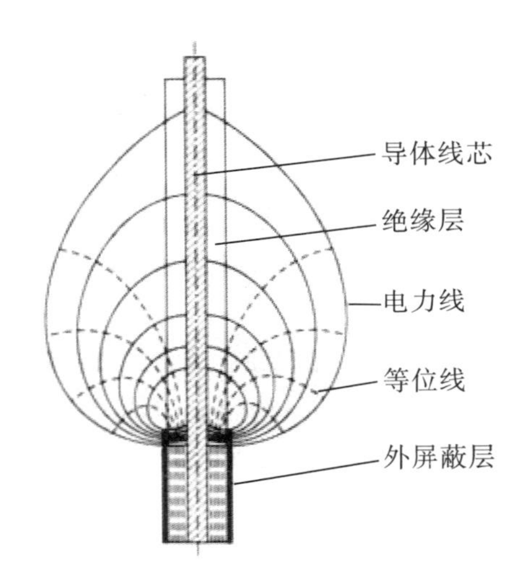

图 4－3　半导体屏蔽层剥离后的电场分布

对其处理的方法有两种：一是应力锥，二是应力管。下面对两种方法分别进行说明。

（1）应力锥的结构：使用电阻率很低的半导体材料制成锥状的电极，与被截断的半导体屏蔽层相连接，应力锥与本体之间采用绝缘材料填充，使地电势向上延伸，改变了原本曲率半径较小的电极形状，从而改善了电场的分布。图 4－4 为 10 kV 预制式应力锥的结构电势分布。

该应力锥的材料为硅橡胶和半导体，硅橡胶具有与交联聚乙烯类似的电气性能，且具有良好的收缩性，在与本体绝缘接触时能保持一定的压力，保证接触良好，无气隙。附加硅橡胶绝缘与本体绝缘、附加绝缘与空气的交界面是应力锥的薄弱环节。应力锥本身的目的是减小半导体层截断处的轴向场强，以防止本体绝缘与空气的交界面在此处发生放电。但如果加装应力锥后还是存在轴向场强，由于设计或安装工艺的原因，仍然有可能在应力锥处发生轴向闪络或击穿。

同时，由于应力锥顶部必然会存在转折处，转折处的曲率半径较小，电场容易在该处集中，该处的界面会发生闪络，这也是应力锥的薄弱环节之一。

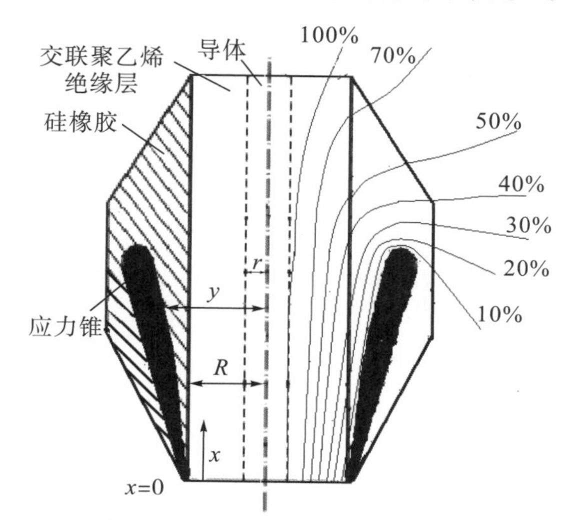

图 4-4　10 kV 预制式应力锥的结构电势分布

（2）应力管的结构：应力管的结构比应力锥简单，为高介电常数、中电阻率的单一材料制成，一般为筒状并具有良好的收缩性，安装时套在半导体截断处，良好接触，无气隙。

改善电场分布的原理：在交流电场中，电势分布与介质的阻抗有关，介质可以视为电阻与电抗并联的单元构成的网络。当总电势差一定时，网络中某一单元的阻抗越大，其分得的电压越高，该处的场强越强。减小场强，可以减小该处的阻抗。应力管的原理正是如此。

在未装应力管时，半导体截断处的界面的介质为空气，空气的介电常数约为 1，电阻率也较大，因此其容抗与电阻均较大。而应力管介电常数远高于 1，电阻率也远小于空气，因此其阻抗远小于空气，在安装之后代替了界面处的空气，其单位长度在轴向的阻抗网络中分得的轴向电压变低，使界面的轴向场强大大减小。未装应力管时和装应力管之后的电场分布如图 4-5 所示。

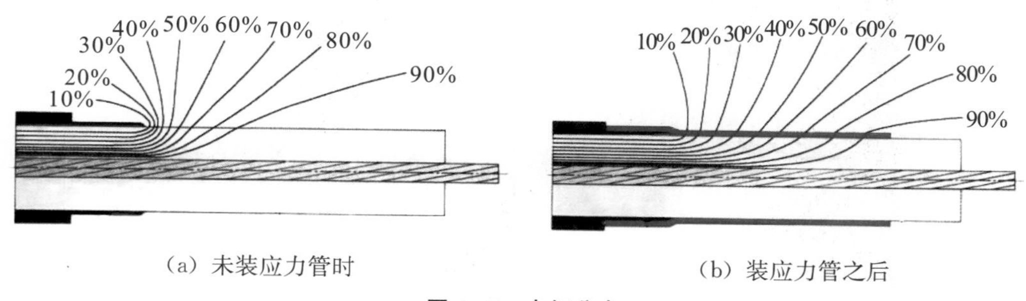

(a) 未装应力管时　　(b) 装应力管之后

图 4-5　电场分布

应力管轴向的阻抗也不应过小，当过小时，其损耗会增加，同时会造成电场在应力管的顶部集中。

电缆中除导体外的各金属部件由于处在交变的电磁场中，也可能会产生电势，对电缆运行造成影响。下面对其进行简单的说明。

在运行时，各金属部件均接地，因此电场被铜屏蔽层（内护层）屏蔽，仅外护套（铠装层）处于磁场中。由于绝缘层具有一定的电容，所以运行时铜屏蔽层会有一定的电容电流流过。同时，铜屏蔽层与铠装层均处于交变的磁场中，因此会产生感应电势。

感应电势与电缆芯线中流过的电流、电缆的长度有关。在电缆很长且发生短路故障的情况下，铜屏蔽层与铠装层中的感应电势可以达到很大的值，威胁人身和电缆自身的安全，因此，对于电缆中的金属部件，要求单边、双边或多点接地。但在双边接地时，感应电势构成回路，产生的电流会使金属部件发热，产生较大的损耗，影响电缆的寿命，限制其输送容量。因此，一方面要使感应电势不能太高，另一方面要采取措施使感应电势产生的电流不能过大。

4.2 电缆故障案例 1

4.2.1 故障概况

2011 年 5 月 9 日，110 kV 某变电站新安装 10 kV 电容四路 927＃开关柜及电容器组，交接试验后投入运行。一个月后户外电缆头 B 相炸毁，如图 4－6 所示。

图 4－6　户外电缆头 B 相故障（一）

2011 年 9 月 23 日，由电缆头厂家工作人员将电容四路 927＃电缆头重新制作后投入运行。两个月后户外电缆头 B 相炸毁，如图 4－7 所示。

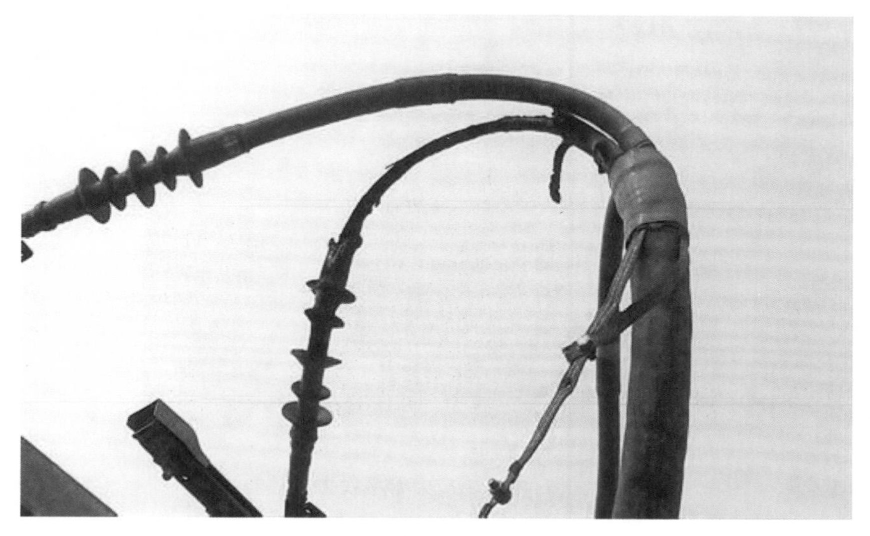

图 4－7　**户外电缆头** B **相故障（二）**

2012 年 2 月 15 日，由电缆头厂家工作人员将电容四路 927＃户外电缆头重新制作后进行交流耐压，户内电缆头 A 相在电压升高到 16 kV 时，在应力锥处击穿放电，如图 4－8 所示。

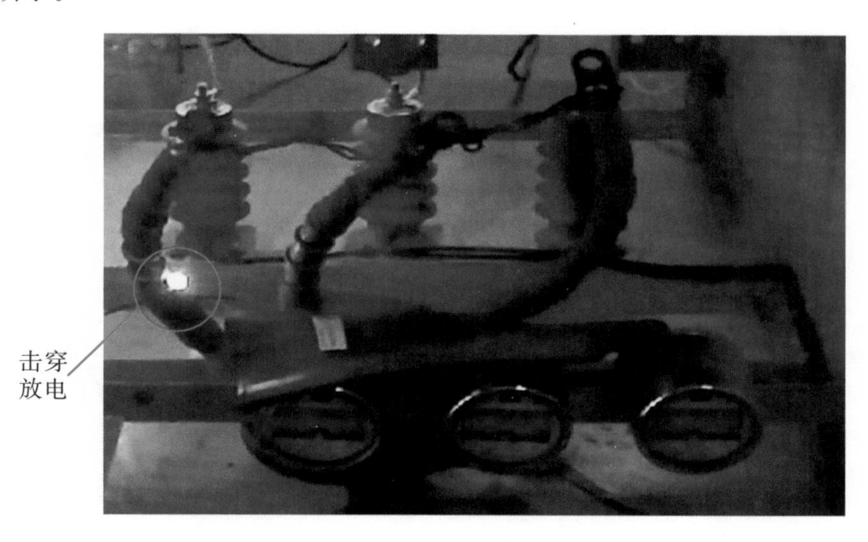

图 4－8　**户内电缆头** A **相击穿放电**

2012 年 3 月 29 日，在 35 kV 某变电站，与 110 kV 某变电站同型号、同厂家的电缆头在进行交流耐压时，应力管处连续击穿 3 次，如图 4－9 所示。

图 4－9　电缆头应力管多次击穿放电

4.2.2　故障原因分析

为了找到电缆头击穿的原因，首先需了解电缆头的结构，图 4－10、图 4－11 为该厂家单相电缆头的结构。由图 4－11 可以看出，应力锥和冷缩终端预制在一起，对轴向电场进行分散。

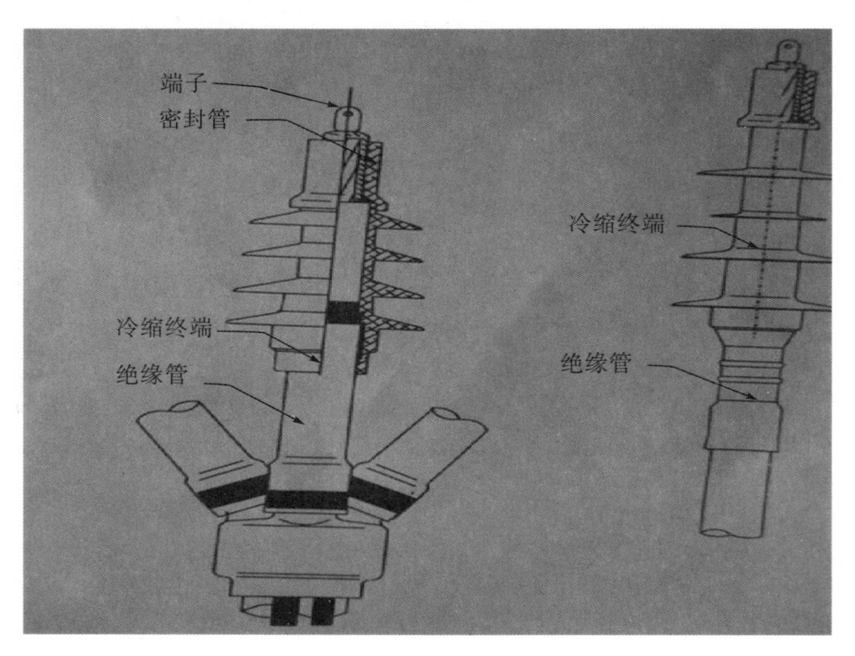

图 4－10　电缆头的结构

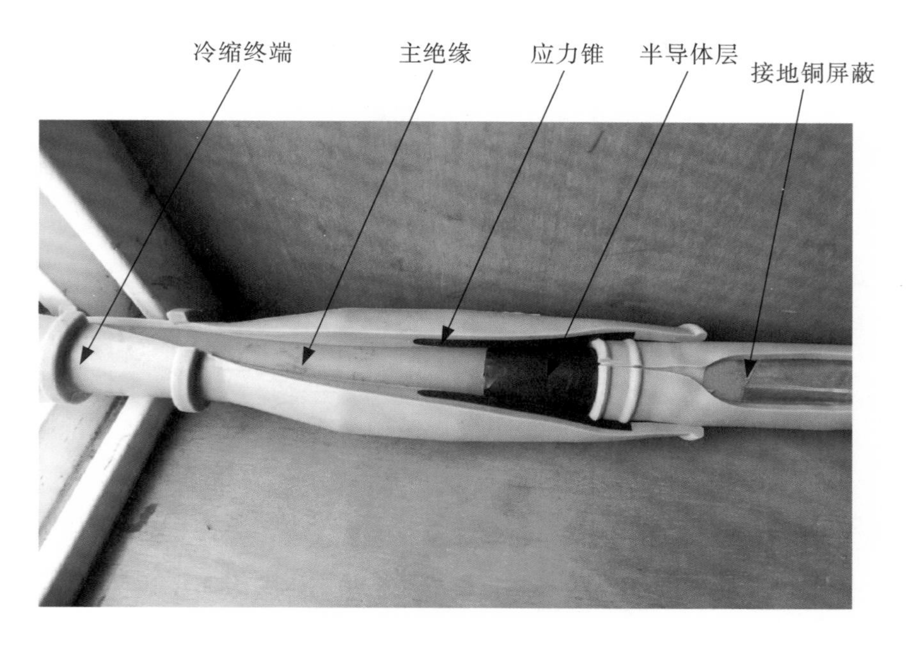

图 4－11　电缆头解剖图

由图 4－12 可以看出，故障的始发点在应力锥位置，应力锥末端在轴向场强的作用下产生放电击穿，短路电流从铜屏蔽流向接地线，导致铜屏蔽烧毁。假设故障点在应力锥之下的某个地方（见图 4－12），由于硅橡胶具有阻燃性，所以在故障点以上的电缆终端不会烧毁，根据电路的基本原理，电流一定是从高电位端流向低电位端，在故障点以上部位为高电位或等电位部分，在故障点以下部位为低电位部分，故障电流只能从故障点流向接地线，所以故障的始发点一定在应力锥的位置。从该厂家的该型号产品最近六次的电缆头故障来看，无一例外都在应力锥主绝缘交界处发生击穿。通过对故障应力锥和电缆的解剖，本体绝缘的厚度符合国家标准要求，也未发现气隙、杂质等绝缘缺陷，且应力锥与硅橡胶浇筑良好，硅橡胶与本体绝缘接触良好，不存在气隙。符合国家标准的绝缘厚度要求、性能良好的硅橡胶和交联聚乙烯在 10 kV 场强下不可能直接发生径向的击穿，因此击穿最开始的原因应当是轴向场强使界面发生闪络。

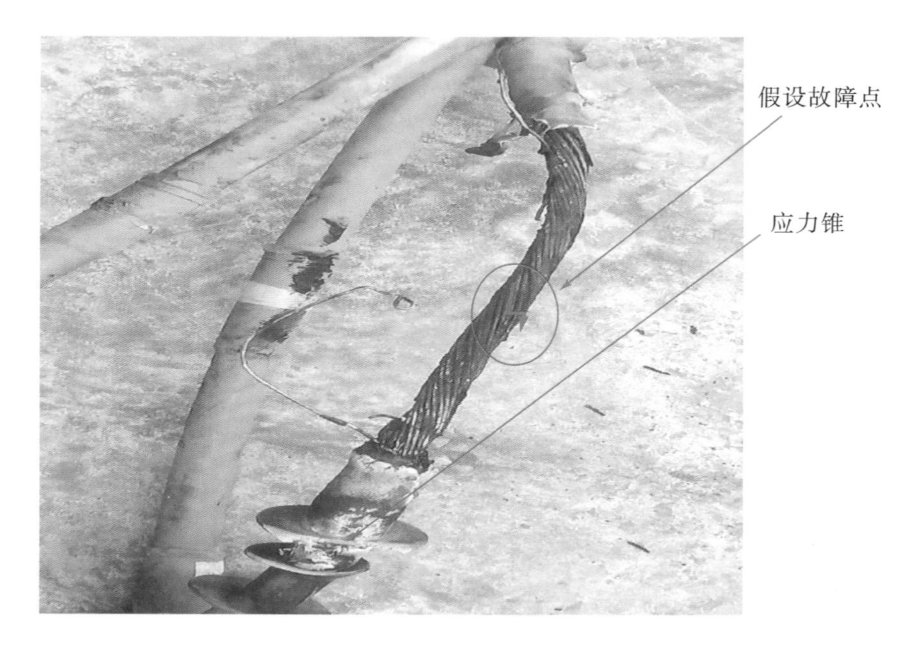

图 4－12　**电缆头故障**

应力锥在设计时，其顶部的轴向场强最大，顶部以下曲面的轴向场强设计为近似相等的值。因此，故障的始发区域应当是应力锥顶部附近的界面。这就存在两种可能的原因：一是设计时对该处的场强控制不到位；二是制作时工艺不到位，每次制作中，工艺中的某个环节始终存在问题，对界面的处理不够到位。由于无法获取其设计的信息，对现场制作工艺信息的了解也有限，因此无法做更进一步的分析。

4.2.3　关于 XLPE 电缆交流耐压与直流耐压的讨论

在 110 kV 某变电站进行电容四路 927＃交接试验时，第一次采用直流耐压，试验都合格，但投运后 1 个月就发生故障。第二次也采用直流耐压，在运行 2 个月后发生故障。第三次同时采用直流和交流耐压，试验数据见表 4－1、表 4－2。

表 4－1　直流耐压试验数据

<table>
<tr><td rowspan="2">试验项目</td><td rowspan="2" colspan="2">试验标准</td><td colspan="3">测试值</td></tr>
<tr><td>A 相</td><td>B 相</td><td>C 相</td></tr>
<tr><td>电缆主绝缘绝缘电阻（MΩ）</td><td colspan="2">与产品出厂值比较无明显差别</td><td>1000+</td><td>1000+</td><td>1000+</td></tr>
<tr><td rowspan="5">电缆主绝缘直流耐压试验（μA）</td><td rowspan="5">6/10 kV，试验电压为 25 kV；8.7/10 kV，试验电压为 37 kV；加压时间为 5 min，耐压结束时的泄漏电流不应大于耐压 1 min 时的泄漏电流</td><td>0.25U_s/1 min</td><td>0</td><td>0</td><td>0</td></tr>
<tr><td>0.50U_s/1 min</td><td>0</td><td>0</td><td>0</td></tr>
<tr><td>0.75U_s/1 min</td><td>0</td><td>0</td><td>0</td></tr>
<tr><td>1.0U_s/1 min</td><td>1</td><td>0</td><td>1</td></tr>
<tr><td>1.0U_s/5 min</td><td>0</td><td>0</td><td>0</td></tr>
<tr><td>电缆耐压后的绝缘电阻（MΩ）</td><td colspan="2">与产品出厂值比较无明显差别</td><td>1000+</td><td>1000+</td><td>1000+</td></tr>
<tr><td colspan="6">试验结论：合格</td></tr>
<tr><td colspan="2">测试时间：2012 年 2 月 16 日</td><td colspan="2">环境温度：16.9℃</td><td colspan="2">环境湿度：32%</td></tr>
<tr><td colspan="6">测试仪器：ZC－7 兆欧表，ZGS－120/3 kV 直流高压发生器</td></tr>
</table>

表 4－2　交流耐压试验数据

<table>
<tr><td rowspan="2">试验项目</td><td rowspan="2">试验标准</td><td colspan="3">测试值</td></tr>
<tr><td>A 相</td><td>B 相</td><td>C 相</td></tr>
<tr><td>电缆主绝缘绝缘电阻（MΩ）</td><td>与产品出厂值比较无明显差别</td><td>1000+</td><td>1000+</td><td>1000+</td></tr>
<tr><td>电缆主绝缘交流耐压试验（μA）</td><td>18/30 kV 以下 2U_0/60 min</td><td>击穿</td><td>通过</td><td>未做</td></tr>
<tr><td>电缆耐压后的绝缘电阻（MΩ）</td><td>与产品出厂值比较无明显差别</td><td>3</td><td>1000+</td><td>1000+</td></tr>
<tr><td colspan="5">试验结论：合格</td></tr>
<tr><td>测试时间：2012 年 2 月 16 日</td><td>环境温度：16.9℃</td><td colspan="3">环境湿度：32%</td></tr>
<tr><td colspan="5">测试仪器：ZC－7 兆欧表，ZGS－120/3 kV 直流高压发生器</td></tr>
</table>

从以上试验数据来看，对于交联电缆，用直流耐压很难发现缺陷。从平时试验的经验中也可以知道，在电缆有非常严重的缺陷时，比如已经放电或在制作电缆头时主绝缘被严重破坏，直流耐压是可以发现的。但对于电缆的隐患，只能通过交流耐压来检测。交联电缆的直流耐压和交流耐压的区别主要有以下四个方面：

（1）交联聚乙烯绝缘电缆在交、直流电压下具有不同的电场分布，交联聚乙烯绝缘层是采用聚乙烯经化学交联而成的，属整体型绝缘结构，其介电常数为 2.1～2.3，受温度变化的影响较小。在交流电压下，交联聚乙烯电缆绝缘层内的电场分布是由介电常数决定的，即电场强度是按介电常数反比例分配的，这种分布比较稳定。在直流电压作用下，其绝缘层中的电场强度是按绝缘电阻系数正比例分配的。而绝缘电阻系数分布是不均匀的，这是因为在交联聚乙烯电缆处于交联过程中不可避免地溶入一定量的副产品，它们具有相对小的绝缘电阻系数，但在绝缘层径向分布是不均匀的，所以在直流电压下交联聚乙烯电缆绝缘层中的电场分布不同于理想的圆柱体绝缘结构，与材料的不均匀性有关。

（2）交联聚乙烯绝缘电缆在直流电压下会积累单极性电荷，一旦有了直流耐压试验引起的单极性空间电荷，需要很长时间才能将这种电荷释放，电缆如果在直流残余电荷未完全释放之前投入运行，直流电压便会叠加在工频电压峰值上，使得电缆上的电压值远远超过其额定电压，这将加速绝缘老化，缩短使用寿命，严重时会发生绝缘击穿。

（3）交联聚乙烯绝缘电缆的半导体凸出处和污秽点处容易产生空间电荷，如果在试验时电缆终端头发生表面闪络或电缆附件击穿，会造成电缆芯线中产生波振荡，对其他正常的电缆和接头的绝缘造成危害。交联聚乙烯绝缘电缆的一个致命弱点是绝缘内容易产生水树枝，一旦产生水树枝，在直流电压下会迅速转变为电树枝并形成放电，加速绝缘水劣化，以至于在运行工频电压作用下形成击穿。

（4）直流耐压试验不能有效发现交流电压作用下的某些缺陷，如在电缆附件内，绝缘若有机械损伤等缺陷，在交流电压下绝缘最易发生击穿的部位，在直流电压下往往不会发生击穿。直流电压下绝缘击穿处往往发生在交流工作条件下绝缘平时不发生击穿的部位。因此，直流耐压试验不能模拟高压交联电缆的运行工况，试验效果差，并且有一定的危害性，直流耐压试验对检测交联聚乙烯绝缘电缆缺陷有明显的不足。

4.2.4 措施及建议

从设计的角度来看，应力锥本质上是通过将尖端接地电极改为曲率半径很大的接地电极，使界面上的轴向场强降低，从而提高终端的绝缘性能。因此在设计中，为了降低界面轴向场强，锥面的曲率半径应尽量大，即锥面应尽量长，锥体顶端至本体绝缘的距离应尽量小。但锥体顶端必然会有一个转折处，若锥体顶端至本体绝缘的距离过小，转折处的曲率半径必然很小，这两者是矛盾的，设计时应综合考虑。设计的整体原则是应力锥上任意一点的曲率半径都不应过小，防止电场在局部集中。

从安装的角度来看，安装的原则是保证界面的平整、洁净，并保持适当的压力。应当注意以下几点：①剥离绝缘屏蔽层时应防止损伤主绝缘；②切断绝缘屏蔽层时应尽量保证切口沿轴向的平整；③对主绝缘界面进行清洁时应防止半导体和金属颗粒污染，作业时应防止杂质污染界面；④应根据电缆半径选择相应半径的应力锥，保证界面的压力。

从试验的角度来看，在规程上，对交联聚乙烯电缆的耐压分为直流和交流两种，直流耐压对于发现电缆本体贯穿性缺陷、整体受潮等有较大的作用，但对于新制作的终端来说，若界面存在杂质或气隙、设计缺陷等，直流耐压试验的检验效果远不如交流耐压试验，对新制作的电缆终端应尽量采用交流耐压试验来进行检验。

4.3　电缆故障案例 2

4.3.1　故障概况

2011 年 3 月 8 日 02 时 42 分，110 kV 某变电站 10 kV 918＃出线发生短路故障，电流速断保护动作，跳开 918＃开关，故障被隔离。

故障电缆型号为 YJ－V8.7/10，绝缘类型为交联聚乙烯，投运时间为 2009 年 12 月。

4.3.2　故障原因分析

对故障现场进行了查看，开关柜内电缆分布如图 4－13 所示，共有两处放电的痕迹，一处是 B 相电缆与 C 相母排之间，另一处是 A 相三叉指套附近与 C 相母排之间。

图 4－13　开关柜内电缆分布

这是一起比较直观的事故，对事故的原因分析如下：

击穿是由于电极之间的绝缘介质所承受的场强大于其击穿场强，因此，击穿有两个方面的原因：一是局部场强集中，二是绝缘介质本身出现问题。

对于交流电场，串联的各部分介质所承受的电压由阻抗决定，而绝缘介质的电阻率很大，则阻抗由容抗决定，其容抗由介电常数决定。因此，各部分介质承受的电压与其介电常数成反比。

第一处放电痕迹：B相电缆的绝缘层与C相母排接触（或存在很小的气隙），绝缘层承受线电压，虽然交联聚乙烯绝缘的击穿电压高达30 kV/mm，但由于存在气隙及沿界面的电场，因此气隙会发生局部放电或界面上会发生闪络，放电会造成电场的畸变，同时放电产生的能量会对绝缘产生破坏，在系统存在过电压时，绝缘就可能发生击穿。其实，如果B相电缆与C相接触紧密，且电极形状规则，则交联聚乙烯是不会发生击穿的。

第二处放电痕迹：A相的三叉指套附近与C相母排之间。两者的距离不足1 cm，且三叉指套处铜屏蔽层并未剥离，而是直接接地，因此两电极之间只存在电缆的橡胶护套、空气两种介质，且C相母排的转角处与铜屏蔽层距离最近，该处曲率半径很小，电场畸变严重，而两者之间的介质绝缘性能较差，在空气发生局部放电时极易造成橡胶护套的击穿。

因此，电极形状导致的电场畸变和空气的局部放电是这次故障的直接原因。在布置电缆时，如果保持足够的空气间隙，则可以避免此次故障。

4.3.3 从故障中得到的启示

电缆终端的布置方式会影响电应力的分布，可能会导致电应力集中，产生局部放电，使绝缘劣化，最终导致放电故障。

4.4 电缆故障案例3

4.4.1 故障概况

2012年3月22日19时46分10秒（某变电站10 kV 926＃出线保护记录时间），某110 kV变电站10 kV出线926＃发生短路故障，保护正确动作，切除故障，保护显示“速断”动作。

从故障现场、故障录波初步分析，故障发生线路侧最初为BC相故障，后转换为ABC三相故障，故障电流约为3300 A，故障时间约为180 ms。故障开始后，926＃开关“速断”动作，180 ms后切除故障，重合成功，此时故障点绝缘已恢复，保护后加速未动作，开关由运行人员打跳。

4.4.2　故障原因分析

由图 4－14 可以看出，C 相电缆离墙壁很近，几乎靠在墙上，由于距离太近，电场畸变较为严重，在电缆表面会存在较强的沿面场强，造成电缆表面电晕放电和闪络，长期放电会导致绝缘劣化，最终发生绝缘破坏崩溃，产生电弧放电。

图 4－14　电缆头故障

故障后，对开关柜内各部件进行检查试验，除电缆外其余都正常。由图 4－14 可以看出，故障的始发点在电缆头对地较近的位置，在运行时，靠墙位置的绝缘产生局部放电，劣化，最终导致对地击穿，产生放电，并引燃电缆，开关速断保护动作，熄灭电弧，绝缘恢复，2.5 s后开关重合，重合成功，继续运行，但此时电缆已点燃，并由故障点向上下继续燃烧。由于应力管在故障点下方，且不易燃烧（将应力管和主绝缘两种材料进行对比燃烧试验显示应力管不易自燃），因此，向下燃烧的火焰在应力管处熄灭，故障点以上部分的主绝缘向上燃烧，直到运行人员到达后断开开关，扑灭明火。

4.4.3 结论

此次故障是由于C相电缆主绝缘对地距离不够，在运行时局部放电引起绝缘劣化并最终产生放电，导致三相短路故障。

4.5 电缆故障案例4

4.5.1 故障情况

4.5.1.1 故障电缆线路信息

110 kV某线17#杆至18#杆、110 kV某线18#杆至19#杆在2011年12月改造为电缆线路，电缆段全长1029 m（电缆生产厂家为浙江万马电缆股份有限公司，电缆型号为YJLW03－Z 64/110 kV 1 * 500 mm^2），两回电缆线路共用一个通道，电缆全线采用排管加浅沟的敷设方式，中间有两个接头井和两个下沉井，下沉井深约为8 m。电缆只有两个交叉互联段位，即电缆终端金属护层直接接地，中间经交叉互联保护接地。

4.5.1.2 故障经过

2016年1月14日19时40分，220 kV某变电站110 kV某线132#开关距离Ⅱ段、零序Ⅱ段保护动作，重合闸动作不成功，故障选相A相，测距4.53 km，未损失负荷。由于该条线路为电缆线路与架空线路组成的混合线路，输电运检对架空线路进行巡视，未发现任何异常。1月15日，电缆运检班接到通知，对该110 kV线17～18#塔电缆A相进行试验，由于考虑到该线路重合闸不成功，所以初步判断电缆主绝缘已被破坏，于是只对该相电缆进行了绝缘电阻测试，测试结果显示该相电缆绝缘电阻为450 GΩ，对比试验标准，该相电缆绝缘电阻合格，于当晚再次试送电，未成功。1月16日，通过测试绝缘电阻的方法排除了架空线路异常的可能性，最终确定了该110 kV

线电缆 A 相存在故障，此时绝缘电阻已为 0（再次送电把故障点彻底击穿）。1 月 18 日，电缆运检班对该 110 kV 线电缆进行故障点查找，最终确定了故障点在Ⅱ号接头井处。

挖出 2＃电缆接头井的电缆接头，再次用电缆故障仪加压确定电缆的准确故障相及故障点，如图 4－15 所示。

图 4－15　开挖后的 2＃电缆接头井及电缆故障点

4.5.2　故障原因分析

对故障电缆头进行解剖分析，发生故障后的解剖图如图 4－16 所示。可以看出，电缆故障范围为电缆中间接头端部至电缆线芯与主绝缘侧底击穿点之间，铝护套内侧搪锡处有放电痕迹，靠中间接头连接处无放电痕迹，且通过电缆中间接头解体未发现其内部有受潮、放电痕迹，故初步断定本次电缆故障的起点是在电缆绝缘接头预制件外 300 mm 的铜壳与铝护套连接处（此处搪锡）。故障原因为铜套与铝护套连接处铝护套损坏，外部水分浸入主绝缘中，绝缘性能下降，持续放电引发主绝缘击穿事故。

铜套与铝护套连接处铝护套损坏原因分析：查阅相关文献资料并根据本次故障现象分析，造成类似故障的主要原因是连接铜壳与铝护套进行铅封时温度太高，施工工艺问题导致铝护套的密封性能受损。

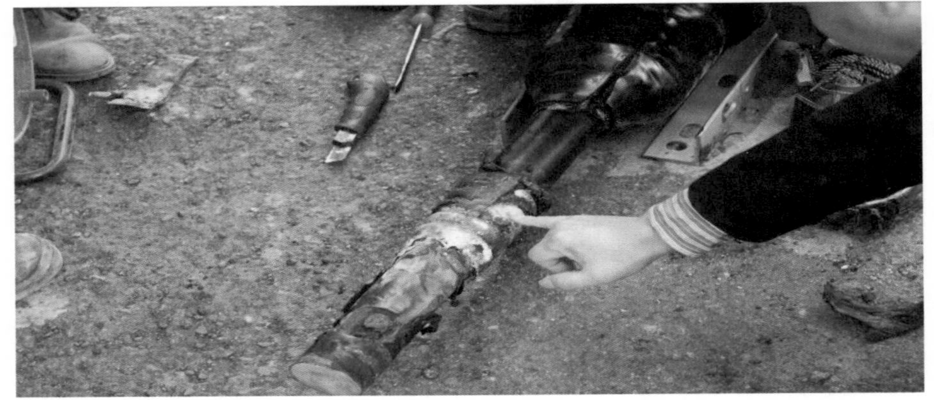

图 4－16　**电缆头解剖图**

外界水分浸入原因分析：对该 110 kV 线 B、C 相绝缘外护套开展绝缘耐压测试，拆除其交叉互联箱盖板时发现该 110 kV 线 2＃中间接头井内交叉互联箱内有大量积水，图 4－17 是交叉互联箱开启时积水往下泄的照片，交叉互联箱密封性能不好。

从交叉互联箱进水的外部痕迹来看，交叉互联箱在运行期间曾经积满了水，且水位线超过了交叉互联箱内下桩头接头处；而该同轴电缆直接与电缆中间接头内部铜套相连接，铜套与铝护套通过搪锡进行连接，便形成了水分浸入铝护套内部的一个路径通道。该中间接头两端均进行了防水包裹措施，并且内部进行了沥青填充，无进水可能性。

图 4-17　交叉互联箱进水

4.5.3　措施及建议

在判定该 110 kV 线 A 相电缆是否故障时，由于考虑到该线路重合闸不成功，所以初步判断电缆主绝缘已被破坏，且与之相邻的 110 kV 某线已带电，出于对作业人员的安全考虑，便决定采用 5000 V 摇表对该相电缆进行绝缘电阻测试，来初步判定电缆是否故障，测试结果为 450 GΩ，测试数据合格。此时，电缆主绝缘尚未完全击穿，绝缘电阻测试不足以使故障信息显露出来。当晚对该条线路再次进行试送，送电不成功。再次对该相电缆绝缘电阻进行测试，测试结果为 0。因此，在对电缆进行故障判断时，不能只用摇表测绝缘电阻的方法来判断电缆的好坏，还应进行交流耐压试验和电缆外护套耐压（含交叉互联系统）试验。

4.6　110 kV 电力电缆外护套故障分析

4.6.1　护层故障测距原理

当故障护层的对地绝缘电阻较大时，可先用测试仪将故障点“复现”，待故障点的绝缘电阻降低到 100 kΩ 以下时，再进行测距操作，测距结果会更加准确。

测试仪工作时至少需要一条对地绝缘良好的电缆护层或电缆芯线，要求其对地绝缘电阻要大于故障护层的对地电阻。

在测距前，首先用兆欧表测量各相护层的对地绝缘情况，找出需要测试的电缆，把该电缆称为“故障相”。选出对地绝缘电阻最大（大于1000倍护层故障电阻）的电缆芯线或护层，将芯线或护层称为“辅助线（相）”。如果电缆芯线或护层都能满足要求，则优先选用满足要求的电缆芯线。

4.6.1.1 测距时的接线方法

（1）利用电缆芯线作为辅助线（相）。

如果测试现场有对地绝缘良好的电缆芯线可以利用，则优先选用电缆芯线作为辅助线（相），接线如图4－18所示。

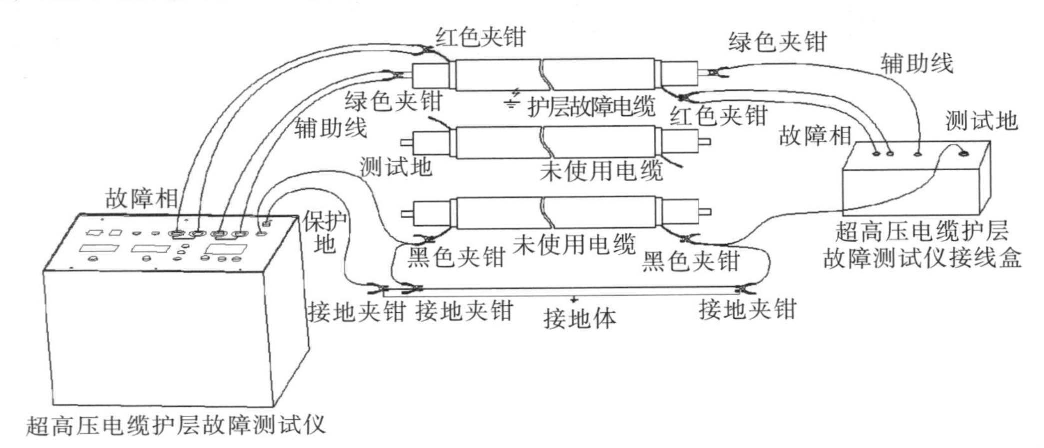

图4－18 用电缆芯线作为辅助线（相）的接线

（2）利用电缆护层作为辅助线（相）。

如果测试现场没有电缆芯线可利用，则使用对地绝缘最好的电缆护层作为辅助线（相），接线如图4－19所示。

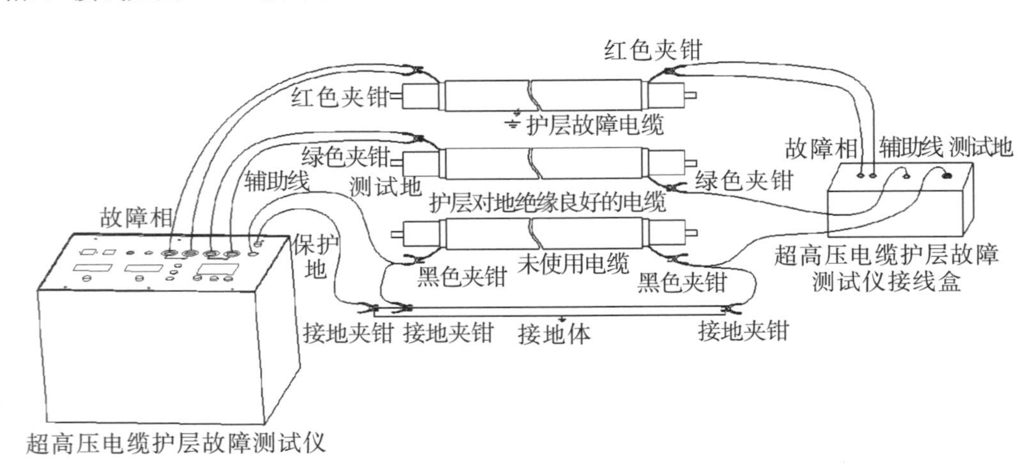

图4－19 用电缆护层作为辅助线（相）的接线

4.6.1.2　护层故障定点

测试仪具有高压脉冲输出功能，可用作超高压电缆护层故障定点的信号源。定点时的接线如图4—20所示。

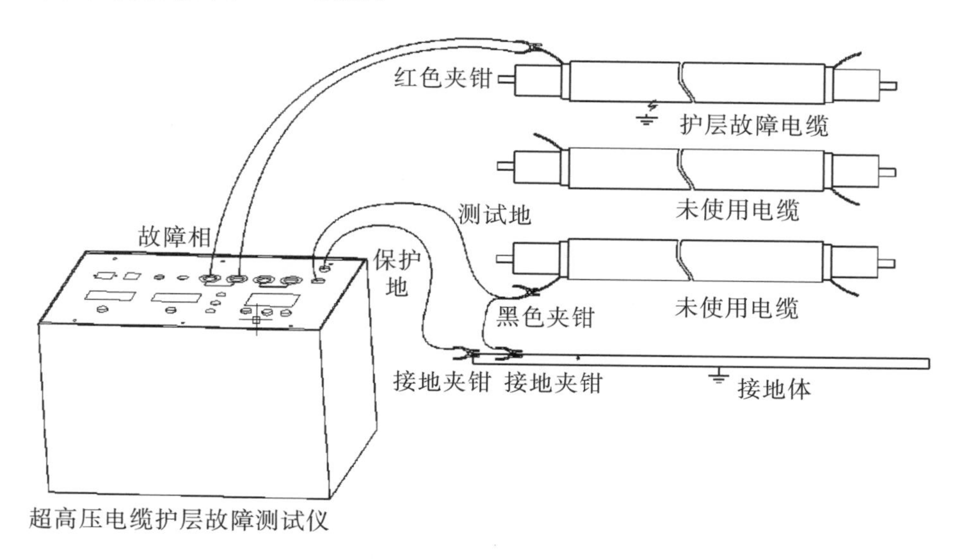

图4—20　定点时的接线

在故障点附近，电流从护层破损点向各个方向流入大地，在地面上的任意两点间有电位差存在，即跨步电压。通过检测跨步电压的强度和方向，能够确定故障点的位置，如图4—21所示。

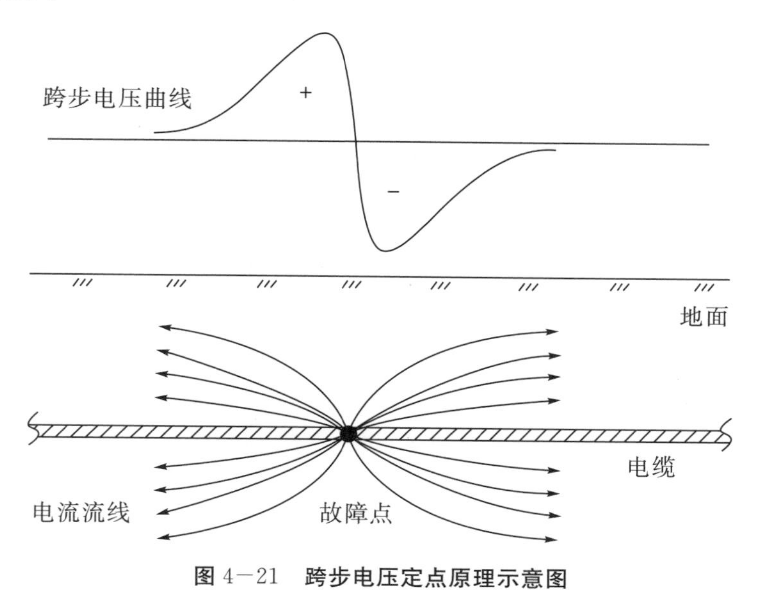

图4—21　跨步电压定点原理示意图

4.6.1.3 护层直流耐压试验

在对电缆护层的长电缆线路进行 10 kV 耐压试验时，对电源的电流需求可能高达几十毫安。测试仪可作为高压直流电源使用，输出电流大，能方便地用于护层耐压试验。

测试仪直流耐压试验的接线如图 4－22 所示。

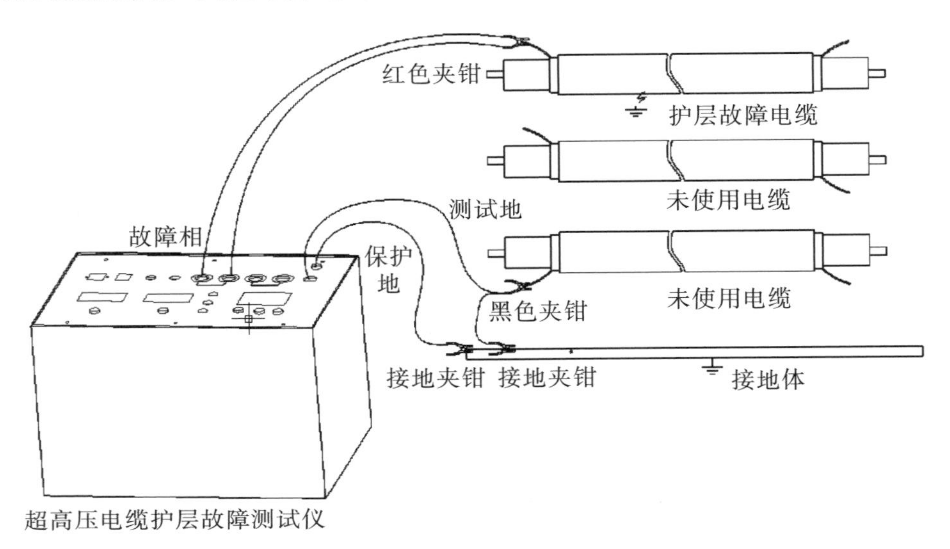

图 4－22　测试仪直流耐压试验的接线

4.6.2 故障情况

2012 年 4 月，在对 220 kV 某变电站 110 kV 151＃线路电缆进行例行试验的过程中，发现其三相电缆外护套绝缘电阻均为几千欧，该电缆型号为三相单芯式结构。2012 年 4 月 14 日，在厂家配合下按照故障测距、故障定点等对其故障点进行查找，最终发现该电缆外护套多点刮伤，定点后拨开泥土，通过专用测试仪加 20 mA 电流便看到多点爬电的火花及烟雾。其中 A 相存在 3 个故障点，均为外力破坏损伤；B 相存在 1 个故障点，是在电缆上杆塔段中起固定作用的抱箍压得太紧，导致其外护套绝缘损伤；C 相存在 1 个故障点，是在电缆穿越水沟时被沟旁边所砌石头的尖端所刮伤。A 相、B 相、C 相电缆故障点分别如图 4－23、图 4－24、图 4－25 所示。

图 4—23　A 相电缆故障点

图 4—24　B 相电缆故障点

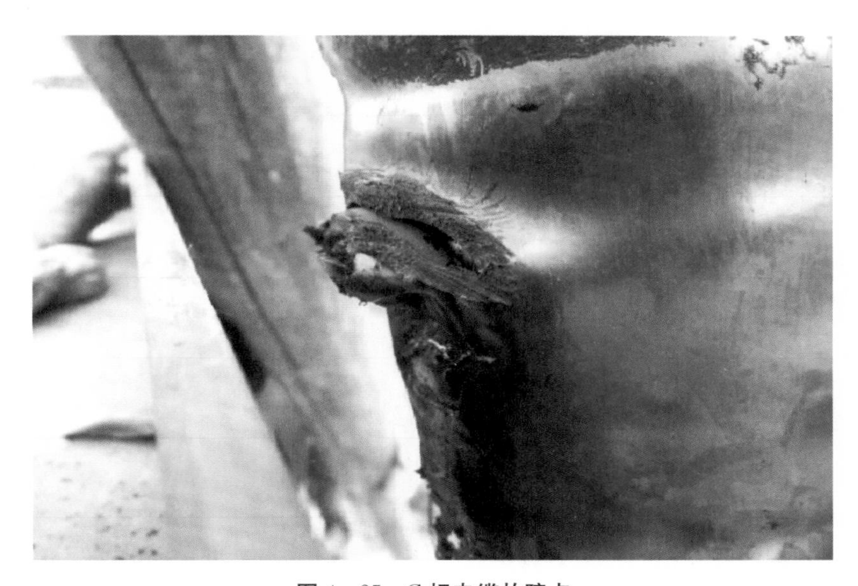

图 4—25　C 相电缆故障点

找到故障点并对其外护套进行了相应的处理，采用试验仪器对该电缆进行了10 kV的直流耐压试验，试验通过；测量了其绝缘电阻，合格。表4－3为处理前后绝缘电阻值的对比。

表4－3　110 kV 151＃线路电缆外护套绝缘电阻

试验项目	A	B	C
（处理前）绝缘电阻（kΩ）	10	<5	20
（处理后）绝缘电阻（MΩ）	30	21.5	35

4.6.3　措施及建议

（1）提高电缆敷设安装质量。采用先进的敷设方法，使电缆在敷设过程中不会受到大的侧压力，防止外护套受到损伤。严格执行电缆装置的环境要求，如直埋电缆周围必须有不含石块和硬物等的细砂保护。

（2）电缆的设计选型包括外护套材料、外护套结构和分段长度等。传统的单层外护套在施工中易被尖锐物划穿，故建议采用双层外护套。

（3）高压电缆外护套故障相当普遍，其严重程度应引起充分重视，加强电缆运行过程中的外护套接地电流测试、电缆护套感应电压测量和电缆红外测温等工作。

4.7　10 kV电缆终端常见错误布置

4.7.1　电缆终端布置要求

电缆布置时，首先要知道电缆终端哪些是地电位，哪些是高电势的电极。铜屏蔽层剥离处以下均应视作地电位，应与其他高电势的电极（导体）保持足够的空气距离。同时，铜屏蔽剥离处以上的区域均应视作带电部位，应远离其他相以及接地的各种构架、尖端状的电极。

4.7.2　电缆终端常见错误布置

如图4－26所示，电缆头为热缩电缆头，电缆终端主绝缘靠在角钢上，由于电缆终端外表面带电，会对角钢产生局部放电，在阴雨天气有肉眼可见的放电火花，导致电缆与角钢接触处的绝缘劣化，有明显的烧蚀痕迹。

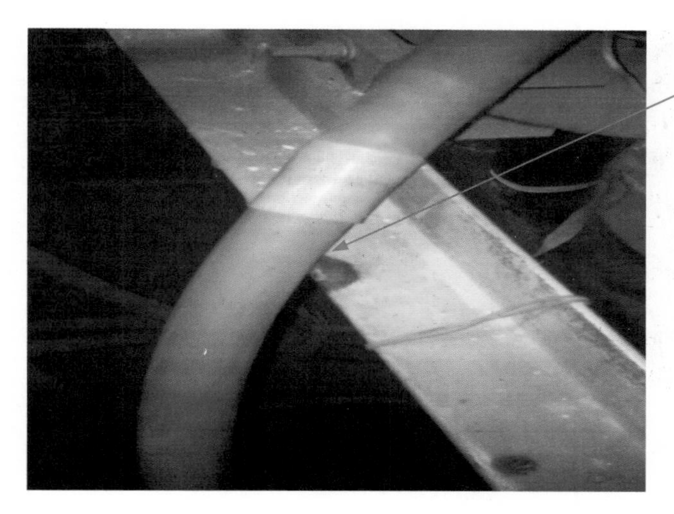

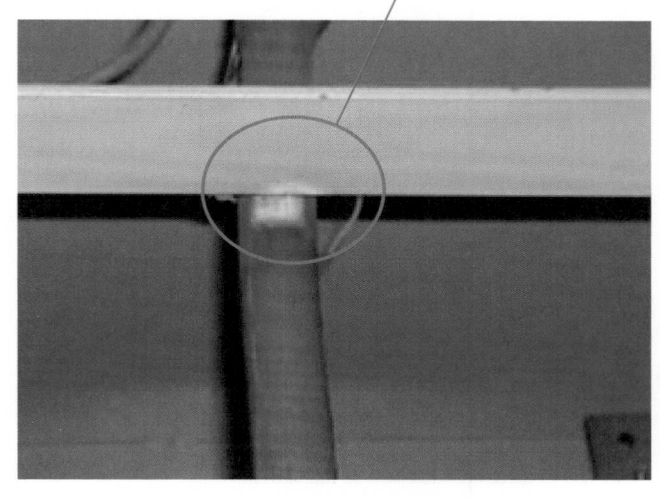

图 4－26　电缆头错误布置（一）

如图 4－27 所示，电缆应力锥下部靠带电母排距离太近，易产生放电。

图 4－27 电缆头错误布置（二）

如图 4－28 所示，电缆终端靠在墙壁上，长期运行后，墙上可见明显的放电痕迹。

图 4－28 电缆头错误布置（三）

电缆头有两处明显的错误：①A、C 相电缆终端靠在一起产生局部放电，严重损害电缆主绝缘（如图 4－29 所示）；②应力锥应安装在铜屏蔽和半导体层截止的位置。

图 4—29　电缆头错误布置（四）

如图 4—30 所示，电缆终端相间局部放电已严重损坏主绝缘。

图 4—30　电缆头错误布置（五）

如图 4—31 所示，电缆终端相间有明显放电痕迹。

相间电晕放电

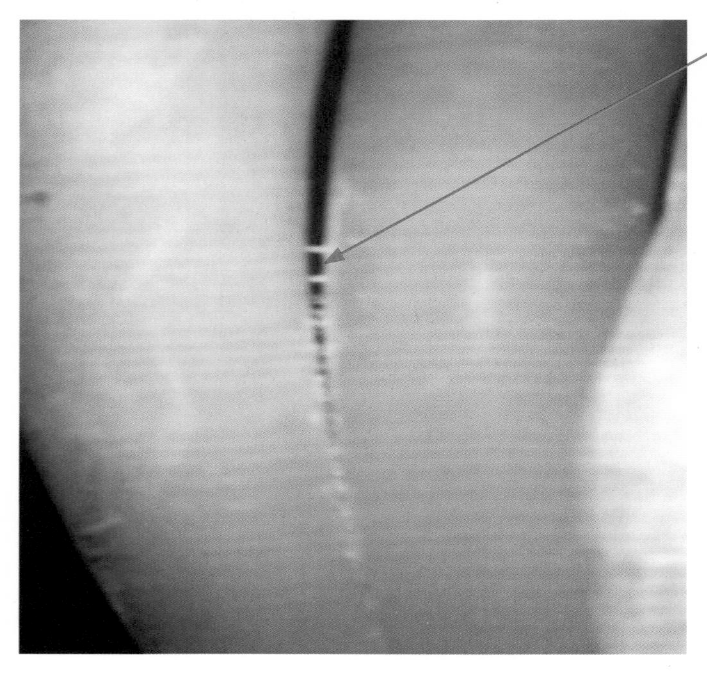

图 4－31　电缆头错误布置（六）

如图 4－32 所示，电缆头的铜屏蔽和半导体层应该露在绝缘管外，这种制作方式会使应力管起不到任何作用。

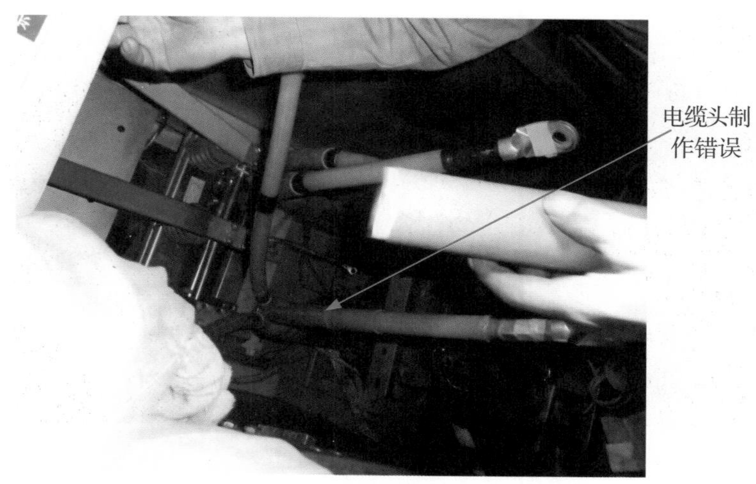

图 4－32　**电缆头错误布置（七）**

如图 4－33 所示，电缆头是 3M 公司的产品，绝缘套管和终端位置安装反了，在 3M 公司的《电缆安装说明书》中没有这种安装方法，该安装方法易导致电缆头下部放电。

图 4－33　**电缆头错误布置（八）**

如图 4－34 所示，电缆头离避雷器接地端太近。

图 4－34　电缆头错误布置（九）

如图 4－35 所示，电缆头每相的铜屏蔽层截止位置离根部太近，造成相间距离不够，易导致电缆头根部发热；电缆是在投运时击穿的，击穿部位在半导体截止部位，是由于应力管分散不足导致电应力在半导体截止部位集中，在操作过电压的冲击下击穿。

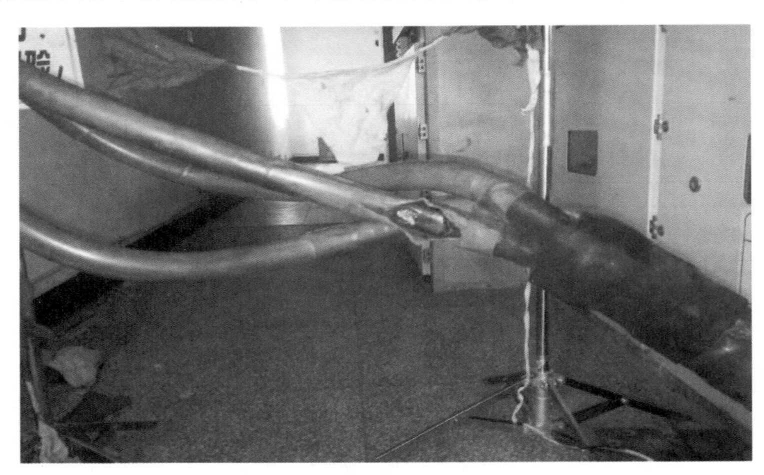

图 4－35　电缆头错误布置（十）

4.7.3　措施及建议

电缆终端制作时应综合考虑相间及对地要求，特别是双电缆出线的开关柜，在电缆终端制作前必须确定布置方案，必要时可以采用附加母排以满足电缆终端对地和相间距离的要求。电缆终端对地和相间距离需满足如图 4－36 所示的要求。中置柜双电缆布置方式（推荐）如图 4－37 所示。

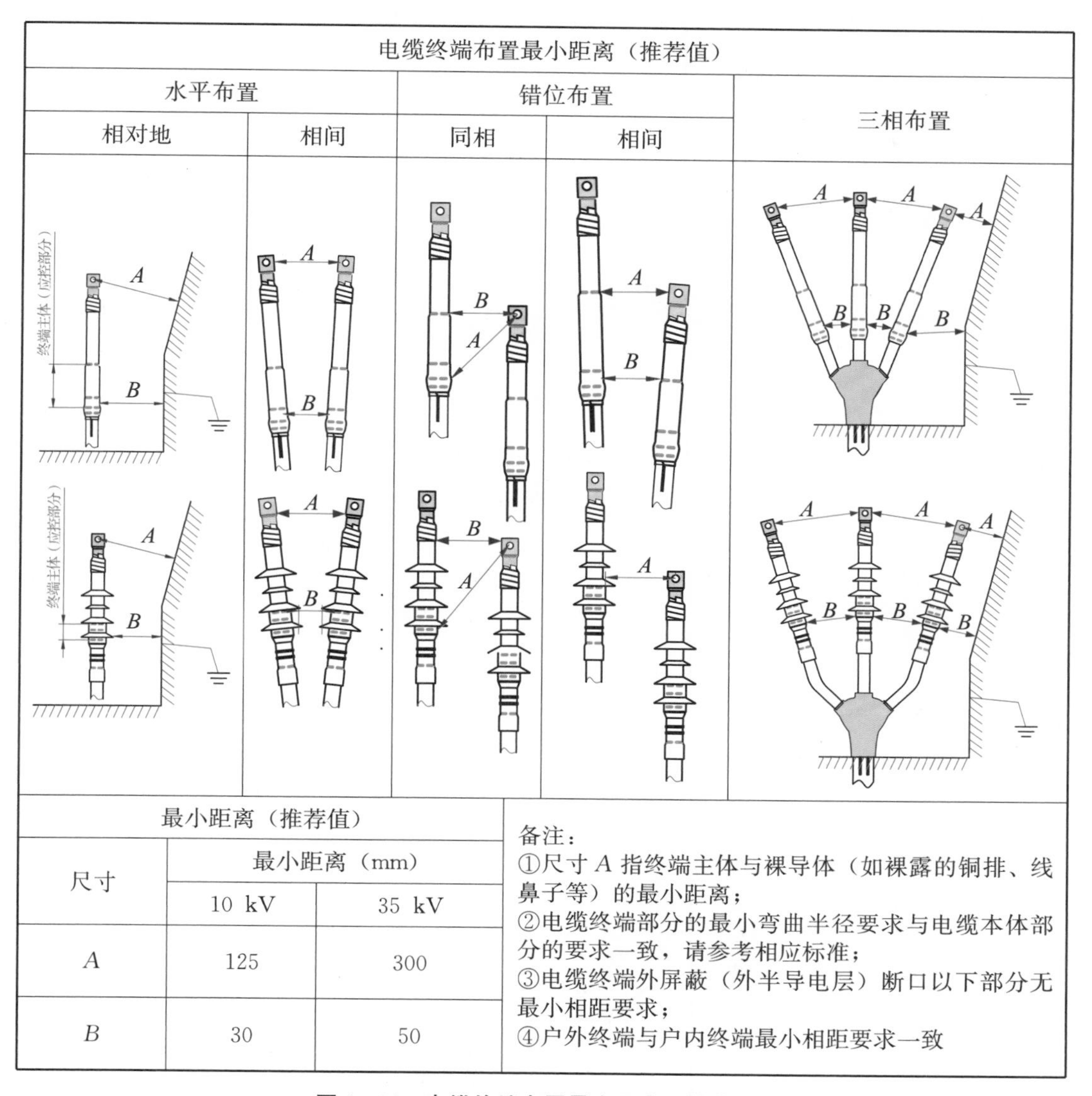

最小距离（推荐值）

尺寸	最小距离（mm）	
	10 kV	35 kV
A	125	300
B	30	50

备注：
①尺寸 *A* 指终端主体与裸导体（如裸露的铜排、线鼻子等）的最小距离；
②电缆终端部分的最小弯曲半径要求与电缆本体部分的要求一致，请参考相应标准；
③电缆终端外屏蔽（外半导电层）断口以下部分无最小相距要求；
④户外终端与户内终端最小相距要求一致

图 4—36　电缆终端布置最小距离（推荐值）

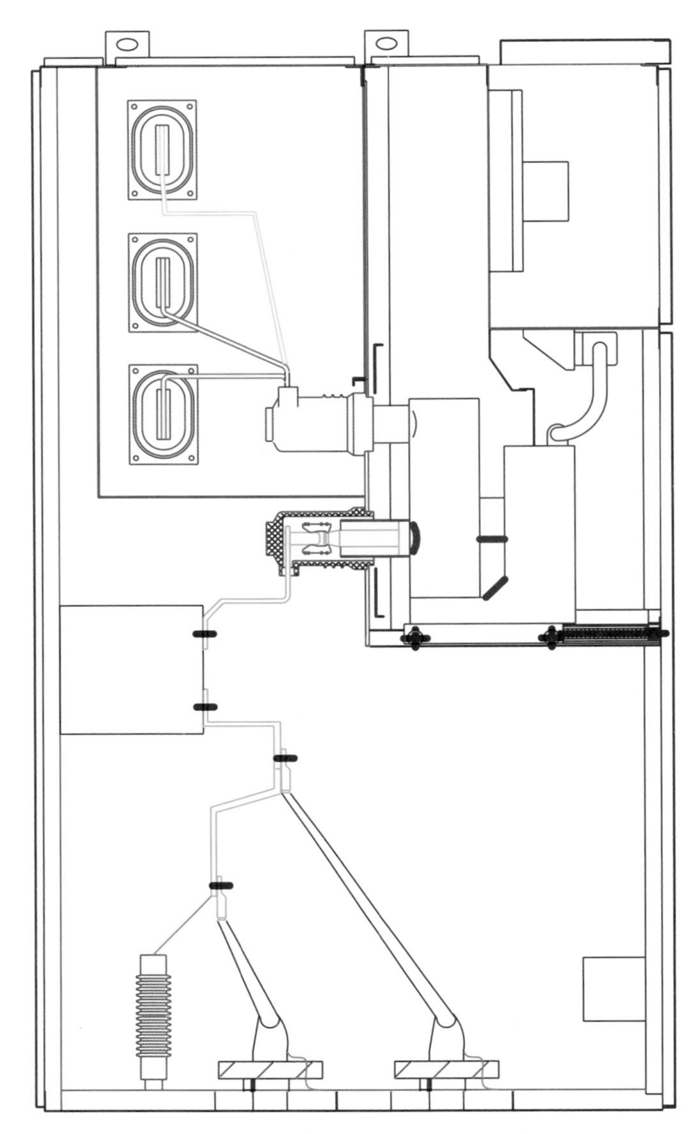

图 4－37　中置柜双电缆布置方式（推荐）

4.8　本章小结

应力管和应力锥的设计和安装对电缆安全稳定运行有至关重要的作用，其主要作用在于将集中的电应力进行分散，以免产生电应力集中引发放电击穿的现象。应力管与应力锥的性能决定于其对界面的处理，从设计上要降低轴向场强，从安装工艺上要使界面清洁、干燥，并保持适当的压力，使绝缘介质之间良好接触。在日常的具体安装中有如下的经验：

（1）应力锥和应力管通常是厂家预制的，其半径固定。针对不同型号、不同半径的电缆，要合理选用，保证应力锥和应力管的半径与电缆的半径相适应，既不能太细，也不能太粗，使两者接触良好为宜。

（2）在对半导体屏蔽层进行剥离时，应注意防止损伤主绝缘。

（3）在切断半导体屏蔽层时，应使其沿轴向尽量平整光滑。

（4）在对主绝缘进行清洁时，应防止半导体颗粒、导体金属颗粒、水分、其他杂质污染主绝缘界面，对应力锥和应力管覆盖的界面尤其应当注意。

电缆终端各相电缆头的布置非常重要，电缆头的布置一定要考虑到避免电应力集中的情况。但从现场的实际情况来看，大部分人对电缆头的布置不是很了解，随意性大，从而埋下隐患，导致电缆故障。

直流耐压试验不能有效发现交流电压作用下的某些缺陷，对于机械损伤等缺陷，在交流电压下绝缘最易发生击穿的部位，在直流电压下通常不会发生击穿，而直流电压下绝缘击穿处往往发生在交流工作条件下绝缘平时不发生击穿的部位。因此，直流耐压试验不能模拟高压交联电缆的运行工况，试验效果差，并且有一定的危害性，直流耐压试验对检测交联聚乙烯绝缘电缆缺陷有明显的不足。

对于单电缆，当外护套破裂后，铠装层和大地之间容易形成回路，产生感应电动势，形成较大的感应电流。构成回路的电缆越长，感应电流越大，在外护套破损处更容易放电，损伤主绝缘。

第5章　互感器故障案例

5.1　某变电站110 kV线路PT故障分析

5.1.1　故障简述

2009年11月，某变电站运行人员发现110 kV 182#A相PT电压异常，二次电压在80～90 V之间波动，频率在52 Hz上变动，随即到现场进行查看，听见182#PT响声异常，还伴有“啪啪”的放电声。对该只PT进行红外测温，发现A相PT中间变压器部位的温度已达22.7℃，而正常相PT中间变压器部位的温度是1.8℃。将PT停运并解体后发现，PT内电容器低压端引出线连接不良，导致引出线电位悬浮，对地击穿放电。

5.1.2　故障设备简况

182#A相PT为电容式电压互感器，1998年11月投运，已运行十一年。设备铭牌参数如下：

型号：TYD110/$\sqrt{3}$－0.007H。

频率：50 Hz。

额定一次电压：110/$\sqrt{3}$ kV。

额定二次电压：100/$\sqrt{3}$ kV，150 VA，0.5级。

剩余绕组电压：100 V，100 VA，3P。

额定开路中间电压：20 kV。

上次试验时间为 2008 年 7 月，试验结果正常。

5.1.3　故障情况及原因分析

图 5－1 为 182＃故障相 PT 和正常相 PT 的红外热像图，可以看出，故障相 PT 与正常相 PT 的温差达到 20.9℃，根据红外测温导则中的要求，该缺陷已构成危急缺陷，应立即将该 PT 退出运行。

点分析	数值
SP01温度	3.0℃
区域分析	数值
Area01最高温度	22.7℃

（a）182＃故障相 PT 红外热像图

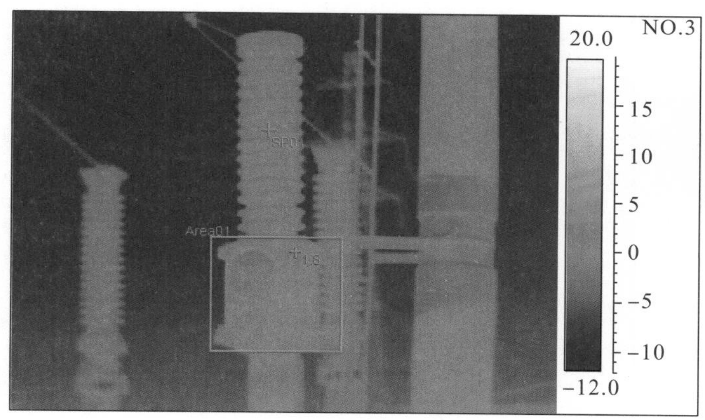

点分析	数值
SP01温度	0.4℃
区域分析	数值
Area01最高温度	1.8℃

（b）182＃正常相 PT 红外热像图

图 5－1　故障相 PT 和正常相 PT 的红外热像图

PT 退出运行后，对其进行了高压试验和油色谱试验。高压试验数据如下：

（1）C_1+C_2 介损测试。

$\tan\delta=0.576$，$C_x=7.189$ nF，与历年数据比较无异常。

（2）变比测试。

合格。

（3）绝缘测试。

一次对二次及地为 115.0 GΩ，δ 对地为 600.0 Ω，δ 对 X 为 600.0 Ω，X 对地为 0 Ω，afxf 对地为 17.7 GΩ，afxf 对 a1x1 为 25.0 GΩ，afxf 对 X 为 16.0 GΩ。

油色谱分析报告见表 5－1。

表 5－1　油色谱分析报告

油中气体组分	注意值（μL/L）	实测值（μL/L）
CH_4	<100	589.64
C_2H_4		764.30
C_2H_6		327.61
C_2H_2	<3（≤110 kV） <2（≥220 kV）	139.93
H_2	<150	558.21
CO		205.63
CO_2		3901.40
总烃		1821.48
分析意见：放电故障		

由高压试验结果可以看出，其介损与电容量正常，说明 PT 电容器单元绝缘正常，电容器单元低压端及其引出端子对地绝缘低，中间变压器尾端及其引出端子对地绝缘低，而且从测温图中也可以看出发热点主要位于 PT 中间变压器油箱内。由油色谱分析报告可以看出，氢气与乙炔严重超标，由于 PT 绝对温度不高，所以氢气与乙炔只可能是放电产生的。因此，推测故障原因可能是 PT 内应接地的端子（电容器低压端及中间变压器尾端）失去接地，导致电位悬浮，对地绝缘击穿。运行人员发现故障时听到的“啪啪”放电声也印证了这一猜测。

为了更准确地寻找故障原因，对故障 PT 进行了解体，将中间变压器油箱法兰拆开后，发现连接线 L_1 对法兰板有放电现象，L_1 外层绝缘已烧损，L_1 的连接螺丝有松动迹象，如图 5－2、图 5－3 所示，其他部分未见异常。

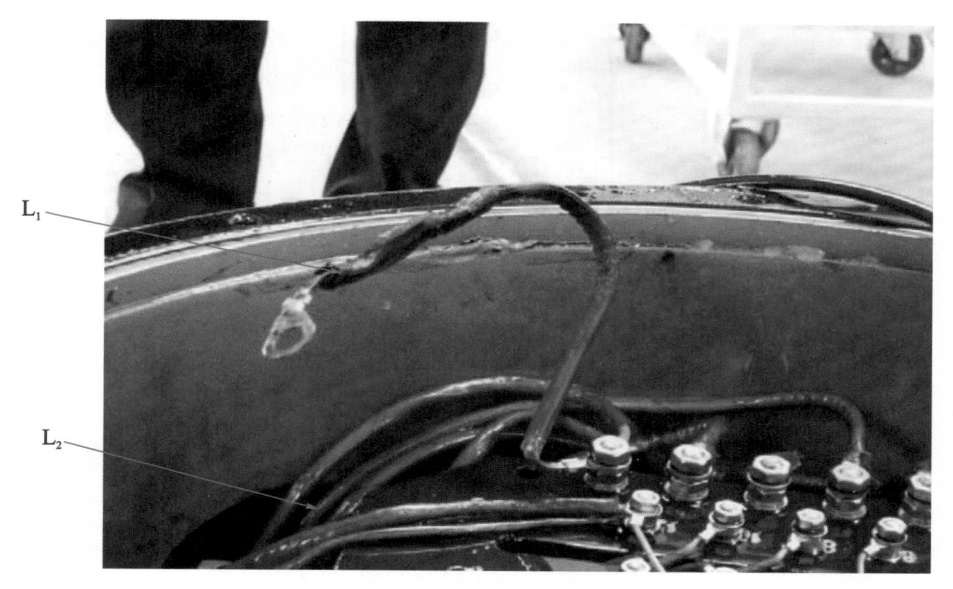

图 5-2　拆开后的中间变压器

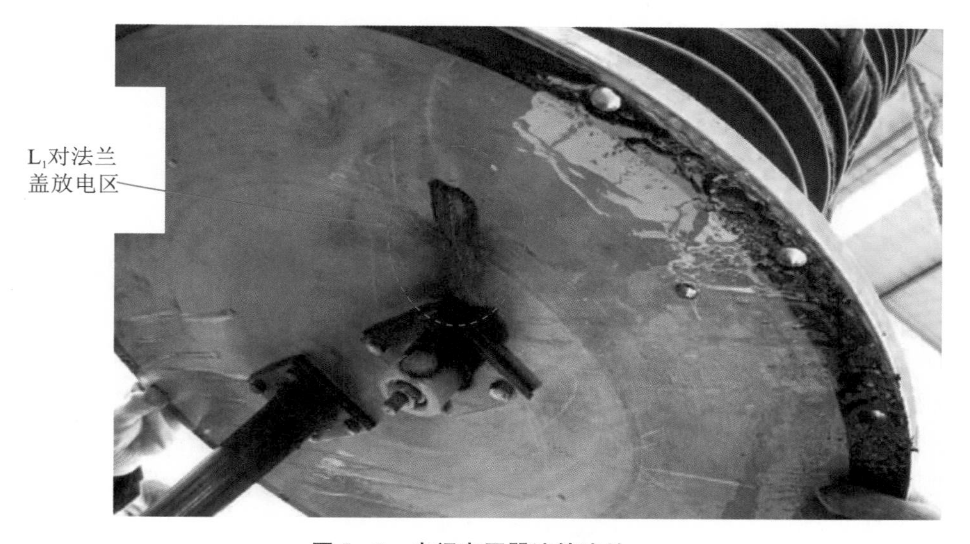

图 5-3　中间变压器油箱法兰

解体之后将 PT 内的油放出，并将电容分压器与端子之间的引线 L_1 拆除之后又进行了高压试验，数据如下：

（1）C_1+C_2 介损测试。

$\tan\delta=0.190$，$C_x=7.134$ nF。

（2）中间变压器变比测试。

AX/afxf=207，AX/a1x1=356.6。

（3）中间变压器绝缘测试。

一次对二次及地为 81.0 GΩ，δ 对地为 26.0 GΩ，a1x1 对地为 41.0 GΩ，afxf 对地为 52.0 GΩ。

电容式 PT 的工作原理如图 5－4 所示。针对其原理结合试验及解体的结果，分析如下：解体前电容分压器 C_1 和 C_2 正常，中间变压器绝缘电阻和变比合格，二次绕组无异常。但电容器低压端 δ 点对地绝缘仅为 600.0 Ω，低于标准要求，说明 δ 点与壳之间绝缘遭到损坏，从油化试验也可以看出 PT 内存在放电。PT 解体之后将中间变压器内油放尽，将电容分压器吊开，拆开电容分压器低压端引线 L_1，使引线 L_1 和法兰隔开再测量，此时 δ 点对地绝缘为 26.0 GΩ，说明连接线 L_1 和法兰板之间的绝缘损坏是导致末屏 δ 点对地（壳）绝缘偏低的直接原因。

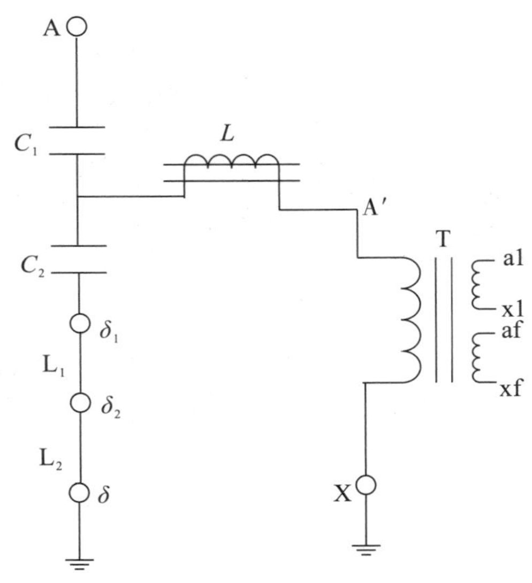

C_1，C_2—电容分压器；L—串补电抗器；T—中间变压器；L_1，L_2—末屏连接线

图 5－4　电容式 PT 的工作原理

正常情况下电容分压器末屏 δ 点是接地的，如果内部连接线 L_1 和 L_2 连接牢固，整个连接线是不会带电的。如果电容分压器末屏连接线有断开点或连接不牢固，则从断开点到 C_2 末端的连线都会带电。由于 L_1 和 L_2 是带电的，因为 L_1 的外绝缘已经对地放电烧损。因此，可以肯定电容分压器末屏连接线存在断开点或连接不牢固，在拆开油箱法兰后发现 L_1 的连接螺丝确有松动迹象，上面的分析得到了印证。因 L_1 的绝缘护套被烧坏，造成 L_1 与壳直接相碰，末屏对地间歇放电，二次侧输出电压周期性波动，这与运行人员发现的故障现象是比较吻合的。

综合以上的分析，可以得出此次故障的原因：由于 PT 电容分压器末屏与接地点之间有松动，导致电容分压器末屏连接线电位悬浮，并与法兰之间的绝缘击穿后对地间歇放电，引起中间变压器谐振发热，二次电压波动，且运行过程中产生较大噪音。

5.1.4　措施及建议

由于 PT 内电容器低压端及中间变压器低压端失去接地后，会产生较大的悬浮电压，对 PT 安全运行产生影响，因此在例行试验及检修时，应注意严格考量其绝缘电阻，并在试验结束后注意恢复，派专人进行核对，防止此类事故的发生。

5.2　电容式电压互感器电磁机构发热分析

5.2.1　故障简述

2009 年 110 kV 某变电站内某间隔电容式电压互感器在红外检测中发现中间变压器部位温度异常（如图 5－5 所示），且伴有异响。停运后对齐解剖发现是因为末屏接地不良造成的。随后两三年内，又发现 3 台这个电容器厂家同型号的同一批产品都有类似故障现象，而这 3 台电容器末屏接地都没有任何问题。因此，造成这种故障现象可能有其他的原因，可能是这个厂家这批次产品家族缺陷造成的。

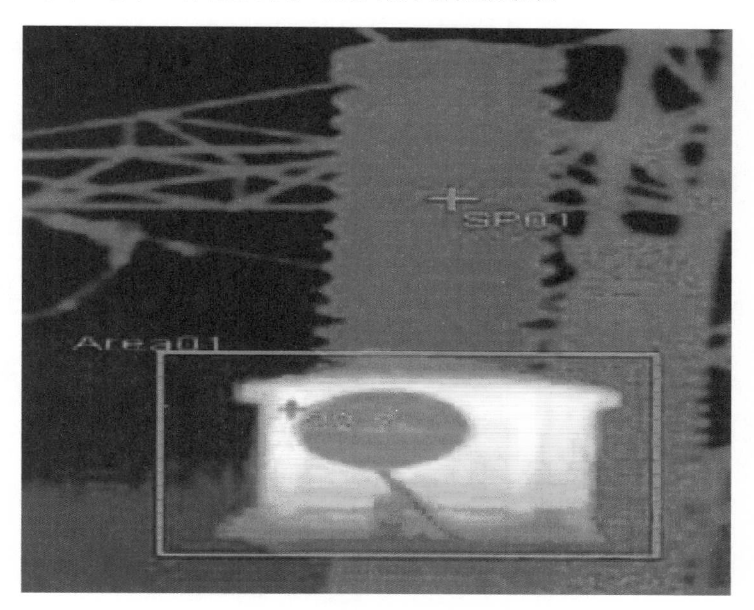

图 5－5　发热部位红外图

对该电压互感器中间变压器取油样检测的试验结果见表 5－2。将其退出运行后，进行诊断性试验分析。

表 5－2　油色谱试验结果

设备名称：110 kV 某线路 CVT		
油中气体组分	注意值（μL/L）	实测值（μL/L）
CH_4	＜100	558.72
C_2H_4		1.76
C_2H_6		241.17
C_2H_2	＜3（≤110 kV） ＜2（≥220 kV）	0.86
H_2	＜150	1424.99
CO		765.06
CO_2		11217.81
总烃		802.51
分析意见：低能量放电兼过热		

5.2.2　互感器工作原理

电容式电压互感器的工作原理如图 5－6 所示，首先由 C_1、C_2 电容分压器分压，然后通过中间变压器 T 将高电压转换为低电压。

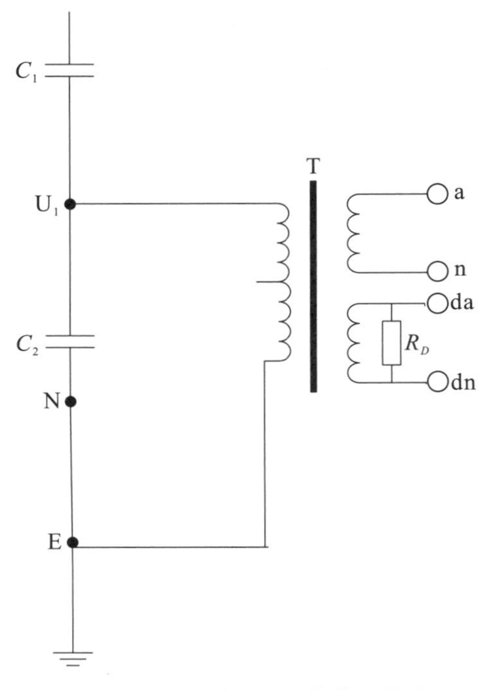

图 5－6　电容式电压互感器的工作原理

图5—6中，C_1、C_2为电容分压器，U_1为电容分压器C_1的尾端，N为电容分压器C_2的尾端，T为电压互感器的电磁单元（中间变压器），a/n、da/dn为二次绕组。

5.2.3 诊断分析

为查找引起该互感器发热和异响的原因，先对其进行常规的例行试验，试验结果见表5—3。由试验结果可知，极间绝缘电阻和二次绕组及N端对地绝缘电阻与初值比较偏差较大，但仍符合状态检修试验规程的注意值。而电容量和介质损耗因数均在合格范围之内，且没有较大变化。因此，例行试验项目未发现该互感器的缺陷性质及位置，需进一步进行相关的诊断性试验。

表5—3 互感器例行试验结果

试验项目	初值	前一次试验值	本次试验值
极间绝缘电阻（MΩ）	106000	68300	23500
电容电容量（μF）	7.201	7.198	7.202
介质损耗因数（%）	0.128	0.115	0.126
二次绕组绝缘电阻（MΩ）	58400	20200	23100
N端对地绝缘电阻（MΩ）	42600	27900	15400

为分析和诊断该互感器的缺陷性质及缺陷位置，对其进行进一步的诊断性试验研究。先取中间变压器电磁单元部分油样进行分析，分析结果见表5—2，在设备刚投运时对该部位油样进行的油色谱分析显示乙炔含量为0，目前虽然乙炔含量未超过允许值，但油样中含有少量乙炔说明内部有轻微的放电现象。

对电磁单元的感应耐压试验除有与运行中相似的异响存在外，未发现其他任何异常现象，所以对该互感器的缺陷还需进行进一步的分析和判断，故在未放电磁单元机构中的油时将该互感器的电容器部分与电磁单元部分分离。分离后发现异常部分如图5—7、图5—8所示，在套管上粘附着很多油泥，靠近油表面部位为黄色，逐渐过渡到金属接地板上，接地板上的油泥均为黑色。分离后发现电磁机构箱中的油并未充满，油位与法兰底部的距离为4.5 cm（油位刚好到达电容单元U_1部位与电磁单元连接线中压套管没有油泥的部位）。

图 5－7　互感器电容部分

图 5－8　中压套管表面粘附的油泥

5.2.4　缺陷原因分析

由于在例行试验和诊断性试验过程中均未发现任何电容分压器部分和电磁机构的缺陷，而用于电容部分与电磁机构部分间电路连接绝缘用中压套管表面有油泥，且每只故障 PT 都有类似故障现象，经咨询电容器厂家，确认中压套管根部存在部分局部放电，引起绝缘油温升和异响。将油泥去除后发现套管未良好接地（如图 5－9、图 5－10 所示），套管未良好接地时的等效原理图如图 5－11 所示。因套管未良好接地，故套管表面与地之间形成电容。由于电容分压的作用，所以套管表面与地之间存在电场集中现象，产生局部放电。绝缘油在长期局部放电作用下形成油泥，粘附于套管表面。

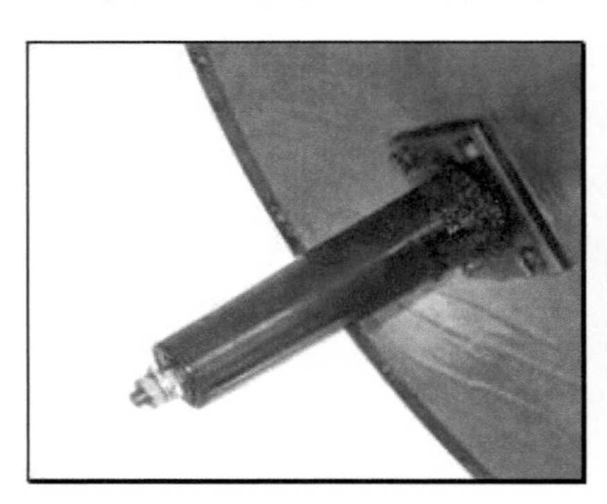

图 5－9　套管去除附着油泥后

图 5－10　套管清洗后

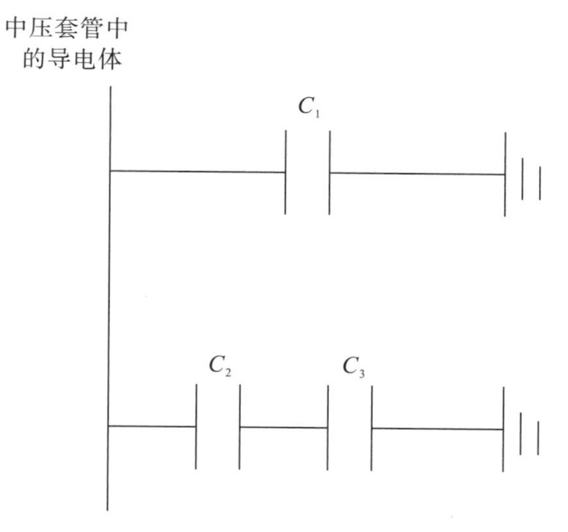

图 5−11　电路等效原理图

图 5−11 中，C_1 为导体与地之间的电容，C_2 为导体与中压套管件之间的电容，C_3 为中压套管未良好接地时套管与地之间的电容。

5.2.5　试验验证

为验证中压套管与金属法兰连接处是否会放电，模拟互感器正常运行工况，单独给中压套管施加电压，当实验电压升至额定运行电压 18.4 kV 时，套管与接地金属法兰之间出现放电。

5.2.6　结论

通过对该缺陷电容式电压互感器的例行和诊断性试验以及解体后的检查和试验，发现该产品存在设计上的缺陷，导致中压套管未能良好接地。

5.3　35 kV 某变电站 10 kVⅡ段母线 PT 故障分析

5.3.1　故障简述

2010 年 7 月—2011 年 8 月，35 kV 某变电站 10 kVⅡ段母线 PT 损坏四次，且每

次故障情况类似：PT 铁芯在高温下片间绝缘熔化，PT 内部热击穿，一次保险管炸裂，二次部分接线烧熔。前三次经检查，排除二次短路、消谐器损坏等原因，怀疑为产品质量问题，但第四次选用了大容量 PT 和不同厂家的产品，依然烧毁。

5.3.2 故障设备简况

Ⅱ段母线 PT 前三次均采用相同型号、规格的产品，型号为 JDZJ－10，容量为 40 VA，前三次 PT 烧毁发生在 2010 年 7 月、9 月和 10 月。第四次更换大容量 PT 后，运行时间较长，至 2011 年 8 月，PT 烧毁。

5.3.3 故障情况及原因分析

2010 年 7 月，Ⅱ段母线 PT 第一次烧损，图 5－12 为故障发生后现场拍摄图片，可以看出，PT 二次绕组及接线情况良好，一次引线处绝缘情况良好，缺陷部位主要集中在铁芯，图中黑色熔融状固体为铁芯层间绝缘材料。

图 5－12 PT 烧损现场图片（第一次烧损）

2010 年 9 月，PT 第二次烧损，图 5－13 为故障发生后现场拍摄图片，PT 损坏情况与第一次大致相同，主要集中在铁芯。对故障 PT 进行解体后，如图 5－14 所示，发现其一次绕组存在熔断现象，一次绕组绝缘被破坏，内部环氧树脂绝缘烧蚀严重。

图 5－13　PT 烧损现场图片（第二次烧损）

图 5－14　烧损 PT 解体后图片（第二次烧损）

2010 年 10 月，PT 第三次烧损，图 5－15、图 5－16 为现场故障图片，可以看出，PT 一次侧熔断器被熔断，B 相熔断器因高温炸裂，PT 状态与前两次相似。

图 5－15　PT 一次侧熔断器（第三次烧损）

图 5－16　PT 烧损现场图片（第三次烧损）

在选用了大容量和不同厂家的 PT 后，2011 年 8 月，某变电站 10 kVⅡ段母线 PT 第四次被烧损，如图 5－17 所示。

图 5－17　PT **烧损现场图片（第四次烧损）**

从历次 PT 烧损的现场图片可以确定：故障为发热导致，且为一次绕组和铁芯发热，故障时 PT 铁芯饱和，一次绕组流过超过额定电流数倍的大电流，铁损也增大，发热严重，绕组及铁芯发热使片间绝缘熔化，使涡流损耗急剧增加，形成恶性循环，最终导致 PT 烧损。导致 PT 铁芯饱和有以下几种可能：

（1）铁磁谐振。10 kV 不接地系统中，PT 中性点接地成为系统对地的唯一金属性通道，当投入空载或出线较少的母线，或者系统单相接地故障消失，或者系统电压不稳定存在波动时，系统对地电容充电或放电，只能通过 PT 中性点构成回路，此时会有很大的涌流通过 PT 一次，造成铁芯饱和。

（2）一次消谐器损坏或功能丧失。一次消谐器是一个接在星形接线 PT 中性点的随电流变化的电阻，电流小时阻值小，电流大时阻值大，能限制铁磁谐振或单相接地故障时 PT 一次侧的电流。当消谐器损坏或功能丧失时，PT 铁芯容易饱和。

（3）PT 二次绕组存在短路。短路时二次侧流过巨大的电流，造成铁芯严重饱和。

（4）PT 开口三角形连接绕组短路。运行中，由于系统电压只能相对对称，所以 PT 开口三角形连接绕组处始终会存在比较微小的电压，短路时这种电压可能会使 PT 存在长期发热问题，影响 PT 绝缘，但不会导致故障。当系统电压波动较大，或者发生单相接地短路故障时，开口三角形处电压会很大，短路产生的电流将直接使铁芯饱和，一次绕组和铁芯发热烧毁。

在前三次 PT 烧损后的检查中，排除产品质量问题、一次消谐器损坏等原因，在第四次时，发现 PT 开口三角形处连接的微机消谐装置内部双向可控硅击穿，导致开口三角形短路。正常运行时，开口三角形电压很小，短路电流很小，对 PT 没有多大影响。当线路出现单相接地时，开口三角形电压很大，会产生很大的短路电流。图 5－18 是微机消谐装置原理图。

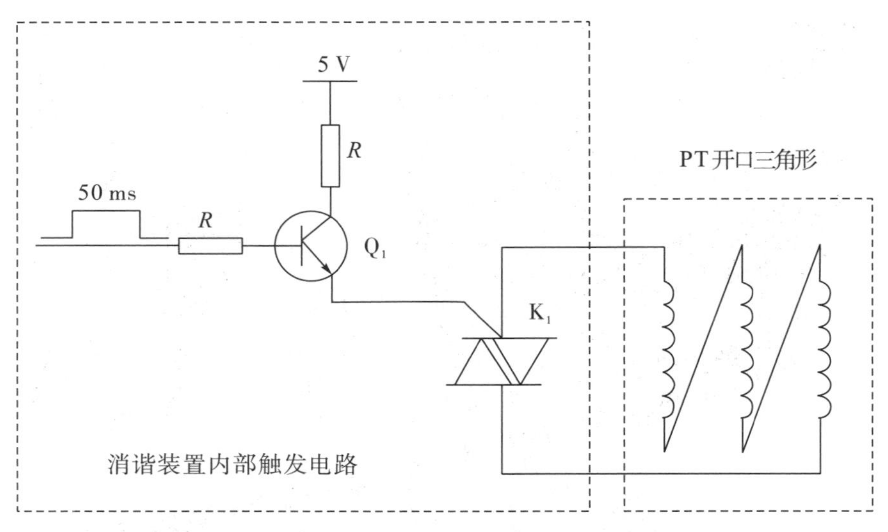

图 5－18　微机消谐装置原理图

图 5－18 中，K_1 为可控硅，在系统正常情况下，装置内的可控硅处于阻断状态，当系统发生谐振时单片机触发可控硅瞬间导通，达到迅速消除铁磁谐振的目的。但是由于厂家设计上的失误，可控硅在工作中击穿，造成了 PT 二次开口三角形短路。当系统单相接地时，开口三角形连接绕组内电流迅速增加，造成铁芯饱和，绕组和铁芯发热使 PT 一次绝缘热击穿，造成了 PT 屡次烧毁的事故。

图 5－19 是该厂家改进后微机消谐装置原理图，改进后的装置内加入了保护环节，可控硅烧毁之后装置会自动与 PT 开口三角形断开，不会造成短路。

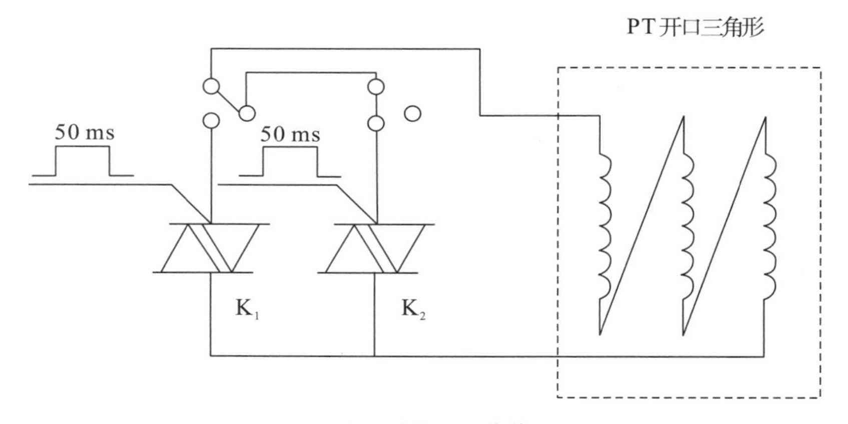

图 5－19　改进后微机消谐装置原理图

5.3.4　措施及建议

对连接在 PT 二次回路中的设备要有充分的了解，无论是保护装置、测量设备，还是消谐装置，要有足够的措施避免 PT 二次短路。

5.4　某变电站110 kV电流互感器故障分析

5.4.1　故障简述

2012年3月28日，某局油化所在对某变电站进行例行化学检查时，发现110 kV 122#B相电流互感器总烃（129.02 μL/L）和氢气（927.36 μL/L）突然增加，超过标准要求（氢气≤150 μL/L，总烃≤100 μL/L）。油化所立即安排对B相电流互感器进行色谱跟踪，高压所进行红外测温。确认B相电流互感器存在内部低温过热故障，不是危急缺陷，因此，决定半个月后再对其进行色谱复测。4月16日复测后发现总烃仍然在增加，4月17日122#电流互感器拆除并更换。

5.4.2　故障原因分析

5.4.2.1　色谱分析

由表5-4的色谱分析来看，特征气体主要以甲烷和氢气为主，乙烷和乙烯有少量增加，乙炔有微量增加，是典型的低温过热色谱。通过三比值法计算判断，色谱代码为001，低于150℃的低温过热，并且发热不涉及绝缘，很有可能是导流部分的接头松动。

表5-4　色谱分析

单位：μL/L

时间	试验结果							
	CH_4	C_2H_6	C_2H_4	C_2H_2	C_1+C_2	H_2	CO	CO_2
2008年10月16日	5.83	1.82	22.71	0.00	30.36	15.84	303.4	2513.1
2010年5月14日	5.93	1.95	31.30	0.00	39.18	7.41	291.0	2614.1
2012年3月28日	149.02	15.10	40.05	0.14	204.31	927.36	294.3	3032.7
2012年3月29日	155.05	16.15	41.46	0.13	212.79	980.97	283.3	3124.5
2012年4月16日	220.49	22.19	42.88	0.21	285.77	1318.7	303.9	3344.4
2012年4月17日更换后	3.99	0.43	0.34	0.00	4.76	14.30	109.8	273.71

5.4.2.2　高压试验

对122#电流互感器进行了全套高压试验，除一次直流电阻不合格外，其余试验项目均正常。直流电阻试验见表 5－5。

表 5－5　直流电阻试验

试验项目	交接标准要求	A 相	B 相
一次直流电阻（内部接头 1）	互差不超过 10%	156 μΩ	11 mΩ
一次直流电阻（内部接头 2）		163 μΩ	9.8 mΩ

5.4.2.3　解体检查

将故障相 B 相电流互感器进行解剖检查，发现两个异常情况：一是内部接头的直流电阻值超标，结果见表 5－5；二是末屏引线部位有明显的烧蚀痕迹。检查末屏接地情况良好。那么，究竟是末屏发热引起的总烃超标还是接头松动引起的总烃超标？为了排除末屏的原因，将正常相 A 相电流互感器解剖后发现末屏也有烧损痕迹，与 B 相一样，而 A 相油样是合格的。经询问厂家，得知是在焊接末屏时留下的绝缘烧蚀痕迹。因此，总烃超标是由于内部接头松动引起的，如图 5－20、图 5－21 所示。

图 5－20　接头松动部位

图 5－21　末屏引出线位置

5.4.3　结论

此次故障是由于B相内部接头在过负荷的冲击下，引起接头松动造成内部发热。

第6章　开关柜案例

6.1　110 kV某变电站2#主变10 kV侧932开关柜故障分析

6.1.1　故障简述

2017年6月21日14时54分，110 kV某变电站2#主变差动保护动作，2#主变10 kV侧932开关、110 kV侧182开关跳闸，某变电站全站失压。

6.1.2　故障基本情况

6.1.2.1　故障设备信息

110 kV某变电站2#主变10 kV侧932开关为北京华东森源电气有限责任公司生产，型号为ZN63A－12，额定电流为2500 A，额定短路开断电流为40 kA，额定关合电流为100 kA，制造日期为2001年3月；开关柜为浙江华仪成套电器有限公司生产，型号为KYN28－12－012，额定电流为2500 A，制造日期为2001年6月。

6.1.2.2　故障前运行方式

110 kV某变电站1#主变及10 kV Ⅰ段母线处于检修状态，2#主变由110 kV 182供电，10 kV Ⅱ母及出线间隔处于运行状态。故障发生时，2#主变10 kV侧932开关运行电流为1370 A。

6.1.3　故障原因分析

故障后对故障开关柜及开关进行现场检查，如图6−1、图6−2、图6−3所示，发现故障开关A相动静触头烧损，接触部位烧熔，部分触头弹簧断裂，B、C相也存在不同程度损伤，开关A、B、C三相极柱顶散热片处均有弧光烧伤及金属颗粒痕迹。

图6−1　故障开关

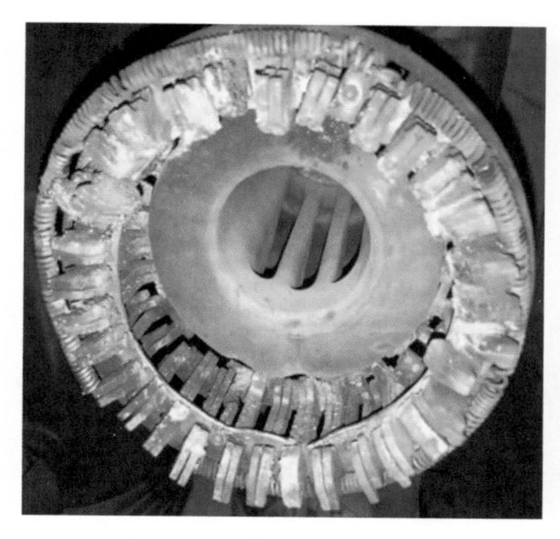

图6−2　故障开关动触头

图6−3　故障开关静触头

该站 2＃主变 10 kV 侧 932 开关静触头主母排搭接方式为单螺栓连接，搭接方式不可靠，长期大负荷运行后局部过热，从而使静触头弹簧在高温下断裂，动静触头接触不良，形成拉弧，产生的金属蒸气导致相间短路，从而使主变差动保护动作，造成跳闸。

综上所述，本次故障是由于某变电站 2＃主变 10 kV 侧开关柜载流回路设计不合理，导致动触头弹簧高温下断裂，引起三相短路故障，从而使 2＃主变跳闸，引起全站失压事故，属于产品质量问题。

6.1.4 措施及建议

（1）迎峰度夏期间，针对重负荷变电站开展设备巡视，重点检查是否存在异常发热情况。

（2）持续强化老旧设备的改造力度，提高设备健康水平。

（3）应用新科技、新手段消除设备监测盲区。试点应用高压开关柜在线测温装置，杜绝检测盲区，及时掌握设备状态。

6.2 110 kV 某变电站 2＃主变侧 932 开关故障分析

6.2.1 故障简述

2018 年 8 月 26 日 07 时 30 分，110 kV 某变电站 2＃主变差动保护动作。同时，2＃主变 10 kV 低压侧开关发生拒动故障。

6.2.2 故障基本情况

6.2.2.1 事件前运行方式

110 kV 某变电站 110 kV Ⅰ、Ⅱ母并列运行，1＃、2＃主变并列运行，35 kV Ⅰ、Ⅱ母并列运行，10 kV Ⅰ、Ⅱ母并列运行。3＃主变运行，10 kV Ⅲ母与 10 kV Ⅰ、Ⅱ母分列运行。

6.2.2.2 事件发生经过

2018 年 8 月 26 日 07 时 30 分 42 秒，2＃主变差动保护动作，同时 2＃主变高压侧

102＃、中压侧 502＃遥信变位跳闸，10 kV 低压侧 932＃开关未变位。

2018 年 8 月 26 日 07 时 31 分 06 秒，35 kV 民工线过流Ⅱ段动作，ZCH 启动不成功。

6.2.3　故障原因分析

2＃主变低压侧 932 断路器生产厂家为许继（厦门）智能电力设备股份有限公司，生产日期为 2016 年 7 月，型号为 VX1。

经现场检查，2＃主变低压侧 932 开关机构合闸后机构的绝缘拉杆碟簧超程。对断路器内部进行检查，发现分合闸连杆拐臂过转，如图 6－4 所示。

图 6－4　开关分合闸连杆拐臂过转

同型号断路器开关机构分闸后的正常位置如图 6－5 所示。

图 6－5　开关分合闸连杆拐臂正常位置

断路器开关分合闸连杆拐臂过转后将导致无法正常分合闸。同时，对此站同批次 931 开关、930 开关进行检查，均发现不同程度过转现象。

综上所述，110 kV 某变电站 2＃主变低压侧 932 开关拒动原因是此开关存在疑似家族性缺陷，断路器开关机构合闸后连杆拐臂可能过转，导致无法正常分合闸，从而拒动。

6.3　110 kV 某变电站 10 kV 903 开关柜故障分析

6.3.1　故障简述

2018 年 10 月 17 日，110 kV 某变电站 10 kV 903 开关炸裂，开关柜变形、飘弧。

6.3.2　故障基本情况

6.3.2.1　故障前运行方式

110 kV 某变电站 1 号主变、2 号主变 10 kV 侧并列运行，10 kV 分段 930 开关处于合位。

6.3.2.2 故障发生经过

2018年10月17日10时50分21秒433毫秒，110 kV某变电站10 kV 903开关过流Ⅰ段动作；10时50分21秒472毫秒，903开关跳开；10时50分22秒311毫秒，1、2号主变低后备复压过流Ⅰ段动作，10 kV分段930开关跳闸；10时50分22秒610毫秒，1号主变低后备复压过流Ⅱ段动作，1号主变10 kV侧931开关跳闸，故障切除，903开关重合闸启动；10时50分25秒121毫秒，903保护重合闸出口合上903开关。经现场检查，10 kV 903开关炸裂，开关柜变形、飘弧。

6.3.3 故障检查

2018年10月17日，发生故障后变电检修抢修人员迅速到达现场，经现场检查10 kV向兰路903开关在合位，开关真空泡炸裂，开关柜变形，开关柜中的母排烧蚀，柜内二次线全部烧毁，如图6-6所示。

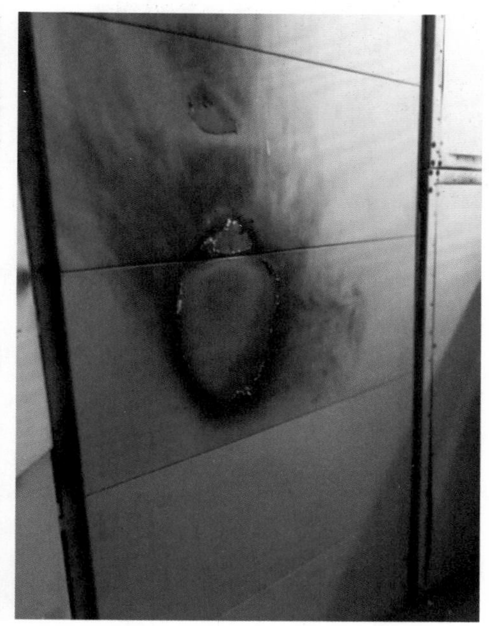

(a) 903开关柜情况

（b）903 开关真空泡情况

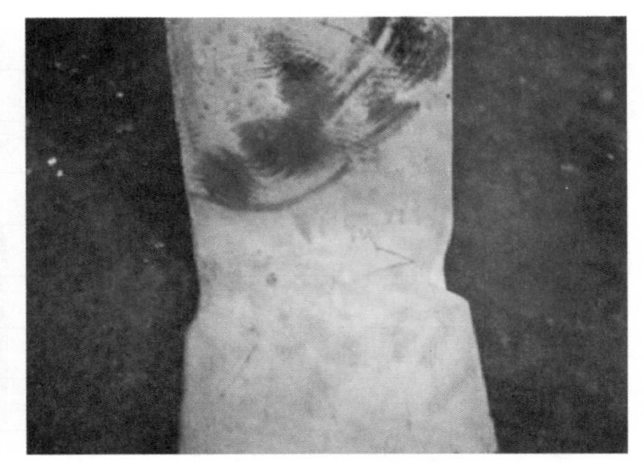

（c）903 开关柜中母排烧蚀情况

图 6－6　903 开关柜内损坏情况

10 kV 903 开关真空泡已经炸裂，柜中的母排已烧蚀，柜内二次线全部烧毁，需要更换开关及相应的母排、柜内二次线，开关柜中其他设备需要进行试验进一步检查。

现场对 9031、9032 刀闸进行了耐压试验，对 903CT 进行了绝缘、耐压、直阻、变比、励磁特性试验，试验均合格。试验数据见表 6－1。

表 6－1　试验数据

903CT 变比试验				
端子标志	铭牌电流比（A）	A	B	C
1S1－1S2	600/5	596.9/5	595.8/5	597.3/5
2S1－2S2	600/5	596.3/5	596.5/5	597.0/5
3S1－3S2	600/5	597.7/5	597.5/5	598.3/5
极性		均为减极性，正确		

续表6－1

903CT 绝缘试验					
试验项目	试验标准		A	B	C
一次绕组对二次绕组及外壳的绝缘电阻（MΩ）	不宜低于 1000 MΩ		5650	7240	3290
二次之间及对外壳的绝缘电阻（MΩ）	不宜低于 1000 MΩ	1S	3460	8840	1120
		2S	2110	7680	8930
		3S	6730	4800	1080
一次绕组对二次绕组及外壳的交流耐压	30 kV/1 min		通过	通过	通过
一次绕组直流电阻（mΩ）	同型号、同规格、同批次和平均值的差异不宜大于 10%		0.0186	0.0182	0.0188
二次绕组直流电阻（Ω）		1S	0.1229	0.1226	0.1272
		2S	0.1132	0.1180	0.1155
		3S	0.1568	0.1566	0.1600

903CT 伏安特性试验										
A	1S11S2	U（V）	31.61	39.55	42.57	44.23	45.37	49.59	51.10	53.40
		I（A）	0.1	0.2	0.3	0.4	0.5	1.5	2.5	5
B	1S11S2	U（V）	31.95	40.70	43.32	44.79	45.84	49.92	51.47	53.68
		I（A）	0.1	0.2	0.3	0.4	0.5	1.5	2.5	5
C	1S11S2	U（V）	32.01	42.77	46.22	48.05	49.25	53.61	55.34	57.76
		I（A）	0.1	0.2	0.3	0.4	0.5	1.5	2.5	5

9031、9032 刀闸耐压试验				
试验项目	试验标准	A 相	B 相	C 相
交流耐压	30 kV/1 min	通过	通过	通过

10 kV 903 线路为电缆出线，对电缆进行了绝缘、耐压试验，试验均合格。

6.3.4　故障原因分析

6.3.4.1　故障设备情况

110 kV 某变电站 903 开关为北京华东森源电气有限责任公司生产，型号为 ZN12－12Q，额定电流为 1250 A，额定短路开断电流为 31.5 kA，额定关合电流为 80 kA，制造日期为 2002 年 3 月。

6.3.4.2 保护动作情况

2018 年 10 月 17 日 10 时 50 分 21 秒 113 毫秒，10 kV 903 开关保护启动。

2018 年 10 月 17 日 10 时 50 分 21 秒 433 毫秒，10 kV 903 开关过流Ⅰ段动作。

2018 年 10 月 17 日 10 时 50 分 21 秒 472 毫秒，10 kV 903 开关跳闸。

2018 年 10 月 17 日 10 时 50 分 22 秒 311 毫秒，1 号主变低后备保护复压过流Ⅰ段动作，10 kV 分段 930 开关跳闸。

2018 年 10 月 17 日 10 时 50 分 22 秒 610 毫秒，1 号主变低后备保护复压过流Ⅱ段动作，1 号主变 10 kV 侧 931 开关跳闸，10 kV 903 开关重合闸启动。

2018 年 10 月 17 日 10 时 50 分 25 秒 121 毫秒，10 kV 903 开关重合闸出口。

6.3.4.3 故障录波分析

10 kV 903 保护故障录波如图 6－7 所示。

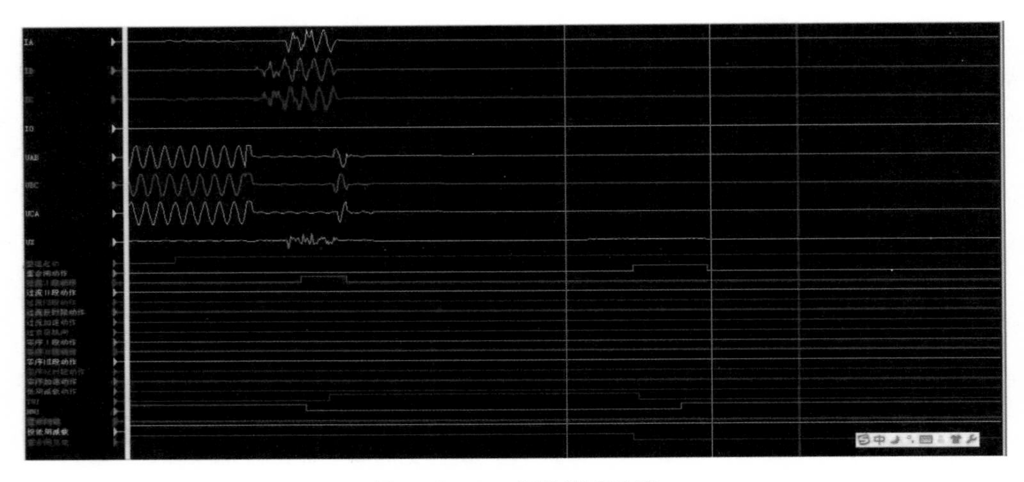

图 6－7 903 保护故障录波

由图 6－7 可以看出，10 kV 903 线路发生故障，A、B、C 三相产生故障电流 86.9 A（一次电流 10428 A），10 kV 母线电压大大降低，903 开关过流Ⅰ段动作出口（过流Ⅰ段整定值 58 A），903 开关跳闸（正确动作），此时 10 kV 母线电压短暂恢复后又降低，说明 10 kV 母线至 903 开关间仍有故障。

1 号主变低后备保护故障录波如图 6－8 所示。

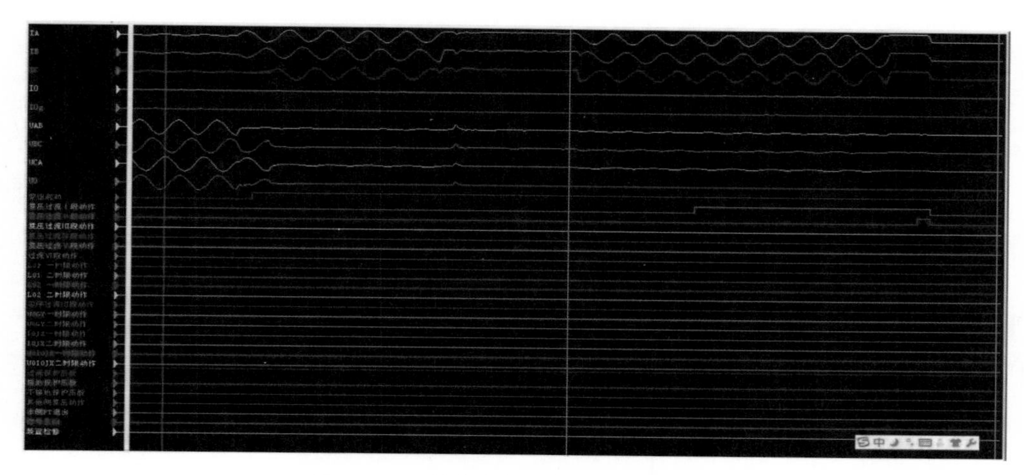

图 6—8　1 号主变低后备保护故障录波

由图 6—8 可以看出，10 kV 903 开关跳闸后，1 号主变低压侧 931CT 仍检测有故障电流为 17.68 A（一次电流 8864 A），10 kV 母线电压很低，1 号主变低后备保护复压过流Ⅰ段动作出口（复压过流Ⅰ段电流整定值 4.8 A），930 开关跳闸（正确动作），此时故障仍然存在，1 号主变低后备保护复压过流Ⅱ段动作出口 23 A（复压过流Ⅱ段电流整定值 4.8 A），931 开关跳闸（正确动作）。

根据 10 kV 903 开关重合闸出口时间 10 时 50 分 25 秒 121 毫秒以及 903 开关重合闸时间整定值 2.5 s，可以推算出 903 开关重合闸启动时间为 10 时 50 分 22 秒 621 毫秒，该时间和 1 号主变低后备保护复压过流Ⅱ段动作出口时间基本一致。另外，903 开关重合闸启动逻辑判断中要求无电流，而从故障录波中可以看出，在 903 开关跳闸后，903CT 仍能采集到故障电流，直到 930、931 开关跳闸后故障电流才消失。所以 1 号主变低后备保护复压过流Ⅱ段动作，1 号主变 10 kV 侧 931 开关跳闸后，10 kV 903 开关重合闸启动，2.5 s 后出口（正确动作），因此故障后开关在合位。

结合现场发现 903 开关真空泡炸裂，903 开关跳闸后，931、903CT 仍能采集到故障电流，说明在 903 开关跳闸后，开关已经出现故障，发生三相短路，因此 931CT 能采集到故障电流。另外，真空泡的炸裂导致开关动静触头之间放弧，因此 903CT 仍能采集到故障电流。

经综合分析，此次故障的经过是 10 kV 903 线路发生三相短路故障，开关过流Ⅰ段动作，903 开关跳闸，因 903 开关真空泡故障，导致开关跳闸过程中真空泡炸裂，开关三相短路，1、2 号主变低后备保护复压过流Ⅰ段动作跳 930 开关，1 号主变低后备保护复压过流Ⅱ段动作跳 931 开关，故障切除。

综上所述，110 kV 某变电站 10 kV 903 开关由于相对老旧，切断故障电流能力下降，最终在切断故障短路电流时真空泡炸裂，无法断流，导致事故扩大。

6.3.5 措施及建议

对 110 kV 某变电站高压开关柜开展动态评估，调整例行试验周期，例行检修时全面开展此站断路器机械特性试验。

6.4 220 kV 某变电站 10 kV 开关柜 901 开关故障分析

6.4.1 故障简述

2020 年 1 月 7 日，220 kV 某变电站 10 kV 总路 901 开关跳闸，10 kV 1 号站变 991 开关过流保护动作，电容一路 911、电容二路 912 低电压保护动作，10 kV Ⅰ段母线失电。故障发生时，该地区为阴天。10 kV Ⅰ段所有设备均在运行状态，无母联开关。

6.4.2 故障设备基本情况

901 断路器的型号为 HS3110M－25MF－CSH，额定电压为 12 kV，额定开断电流为 31.5 kA，额定电流为 2500 A，生产日期为 2011 年 3 月，厂家为上海富士电机开关有限公司。

991 断路器的型号为 VCB－HS，额定电压为 12 kV，额定开断电流为 31.5 kA，额定电流为 1250 A，生产日期为 2011 年 3 月，厂家为上海富士电机开关有限公司。

991 保护装置的型号为 WCB－822A/P，MMI 为 1.11 5BD4，PRO 为 2.11 EDC5，厂家为许继电气。

相关保护定值及 CT 变化见表 6－2。

表6—2　相关保护定值及CT变比

间隔名称	相关保护定值	CT变比
10 kV站用991	电流Ⅰ段：7.3 A，t_1为0 s，t_2为0 s 电流Ⅱ段：2 A，0.5 s 电流Ⅲ段：2 A，0.5 s	100/5
10 kV电容一路911	电流Ⅰ段：24 A，0 s 电流Ⅱ段：7.9 A，0.5 s 电流Ⅲ段：7.9 A，0.5 s 过电压：110 V，10 s 低电压：50 V，0.5 s	600/5
10 kV电容二路912	电流Ⅰ段：24 A，0 s 电流Ⅱ段：7.9 A，0.5 s 电流Ⅲ段：7.9 A，0.5 s 过电压：110 V，10 s 低电压：50 V，0.5 s	600/5

6.4.3　故障检查

2020年1月7日19时06分26秒927毫秒，某变电站10 kV站用一路991开关保护装置过流Ⅰ段动作，动作值I_a=9.776 A，I_c=12.1 A，991开关分闸；19时06分27秒419毫秒，电容一路911、电容二路912低电压保护动作；19时07分17秒592毫秒，1号主变低压侧901开关由合位变为分位。

6.4.3.1　外观检查情况

在现场对10 kV Ⅰ段设备间隔保护装置显示情况、开关柜及断路器外观，断路器分合闸线圈，断路器动静触头，母线外观等进行检查，均未发现异常，如图6—9所示。

对1号主变低压侧901开关进行分合闸检查，对操动机构及辅助开关进行检查，均未发现异常，螺栓紧固，动作情况良好。

对1号主变低压侧测控装置开出板、操作箱901开出板进行检查，未发现异常。对1号主变901操作回路进行绝缘检查，绝缘良好。

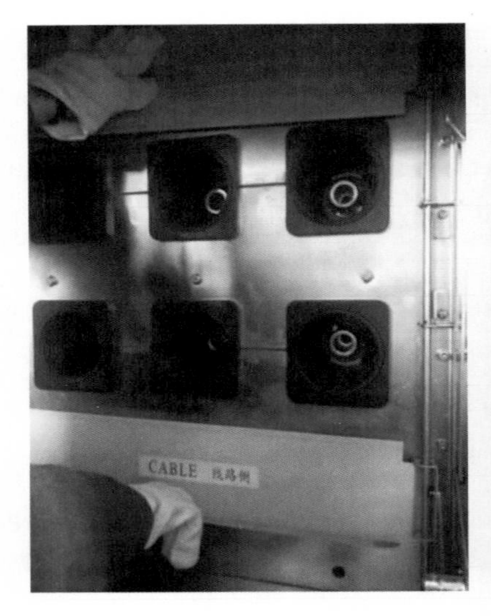

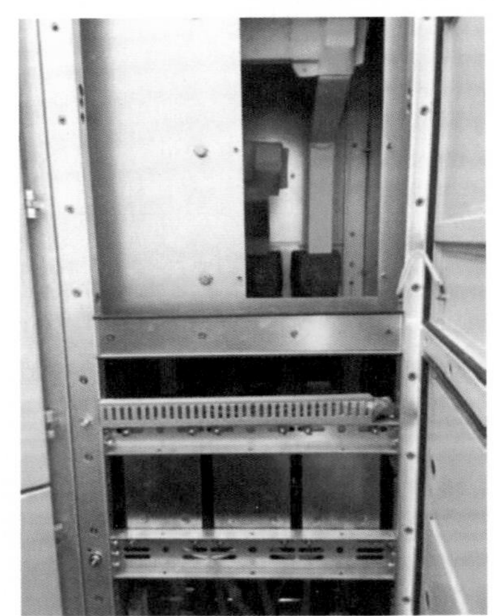

图 6—9　设备外观检查

6.4.3.2　电气试验情况

现场对 1 号主变低压侧 901 开关进行了机械特性试验，对 10 kV Ⅰ段母线设备进行了耐压绝缘试验，对 10 kV 1 号站变本体进行了直阻、耐压、绝缘试验，得到的数据均无异常。

6.4.3.3　保护动作记录

1 号站用变 991 保护动作报告：2020 年 1 月 7 日 19 时 06 分 26 秒 927 毫秒，过流Ⅰ段 t_1、t_2 动作，I_a=9.776 A，I_c=12.1 A，如图 6—10 所示。

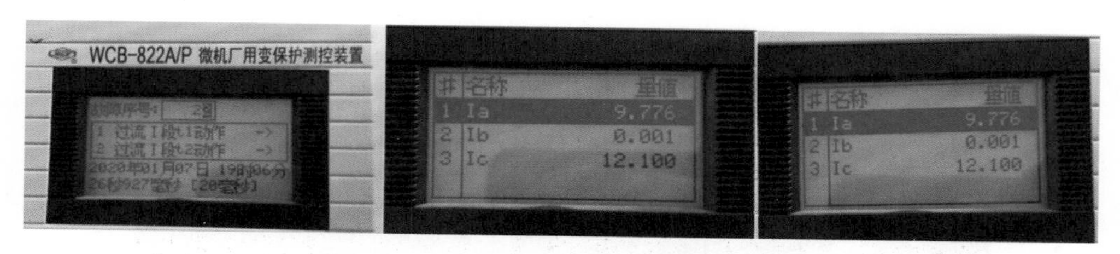

图 6－10　10 kV 1 号站用变保护动作报告

电容一路 911 保护动作报告：2020 年 1 月 7 日 19 时 06 分 27 秒 419 毫秒，低电压动作，U_{ab}＝0.005 V，U_{bc}＝0.003 V，U_{ca}＝0.007 V，如图 6－11 所示。

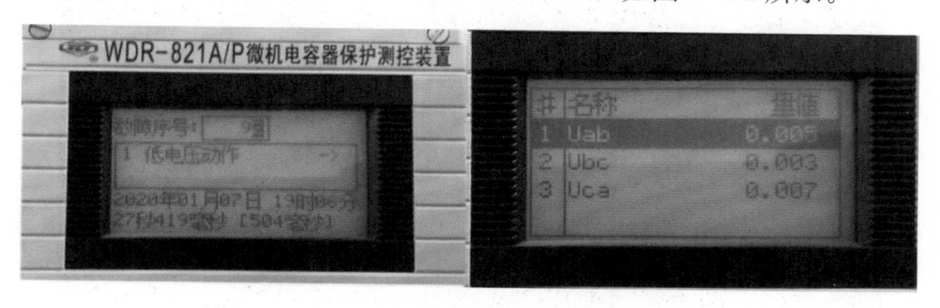

图 6－11　10 kV 电容一路 911 保护动作报告

电容二路 912 保护动作报告：2020 年 1 月 7 日 19 时 06 分 27 秒 417 毫秒，低电压动作，U_{ab}＝0.006 V，U_{bc}＝0.002 V，U_{ca}＝0.007 V，如图 6－12 所示。

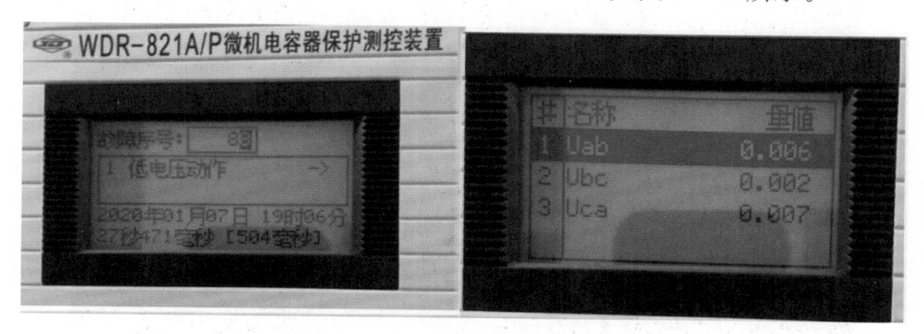

图 6－12　10 kV 电容二路 912 保护动作报告

6.4.3.4　录波情况

1 号站用变 991 保护装置录波如图 6－13 所示，其说明见表 6－3。

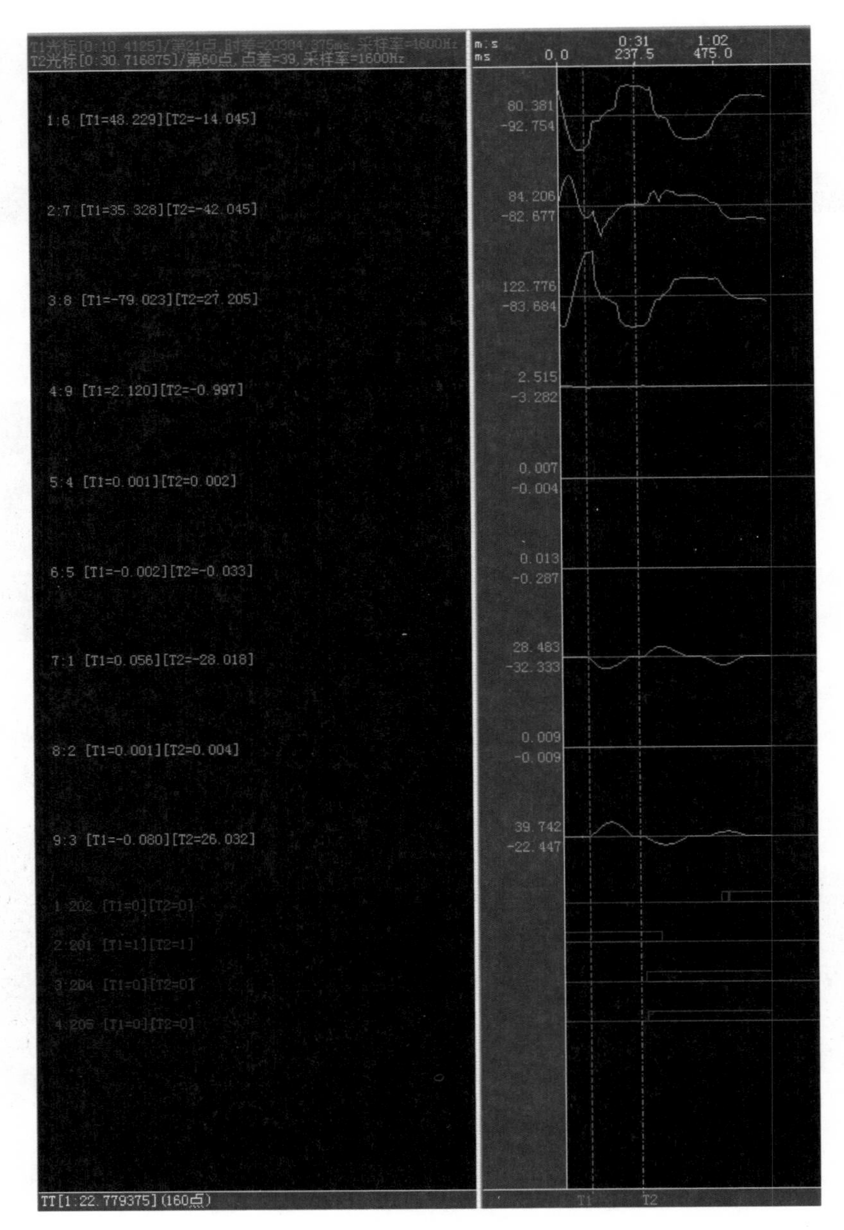

图 6－13　1 号站用变 991 保护装置录波

表 6－3　1 号站用变 991 保护装置录波说明

录波模拟量	信号	ACC
1	I_a	1
2	I_b	2
3	I_c	3
4	$3I_{0h}$	4

续表6—3

录波模拟量	信号	ACC
5	$3I_{0l}$	5
6	U_a	6
7	U_b	7
8	U_c	8
9	$3U_0$	9
201	合位监视	
202	跳位监视	
204	过流Ⅰ段 t_1	
205	过流Ⅰ段 t_2	

录波图中，可以明显地看出故障后，电压发生了严重的畸变，电流具有二次谐波性质（两条线之间的时间为20.30 ms）。

电容一路911保护装置录波如图6—14所示，其说明见表6—4。

表6—4　电容一路911保护装置录波说明

录波模拟量	信号	ACC
1	I_a	1
2	I_b	2
3	I_c	3
4	$3I_{0h}$	4
5	$3I_{0l}$	5
6	U_a	6
7	U_b	7
8	U_c	8
9	$3U_0$	9
201	合位监视	
202	跳位监视	
208	低电压	

保护动作时，电容一路911保护装置采到的电流、电压几乎都为0，可以得出电容路动作时间在991开关之后，是由于电容路失压后导致的低电压保护动作。

电容二路912保护装置录波如图6—15所示，其说明见表6—5。

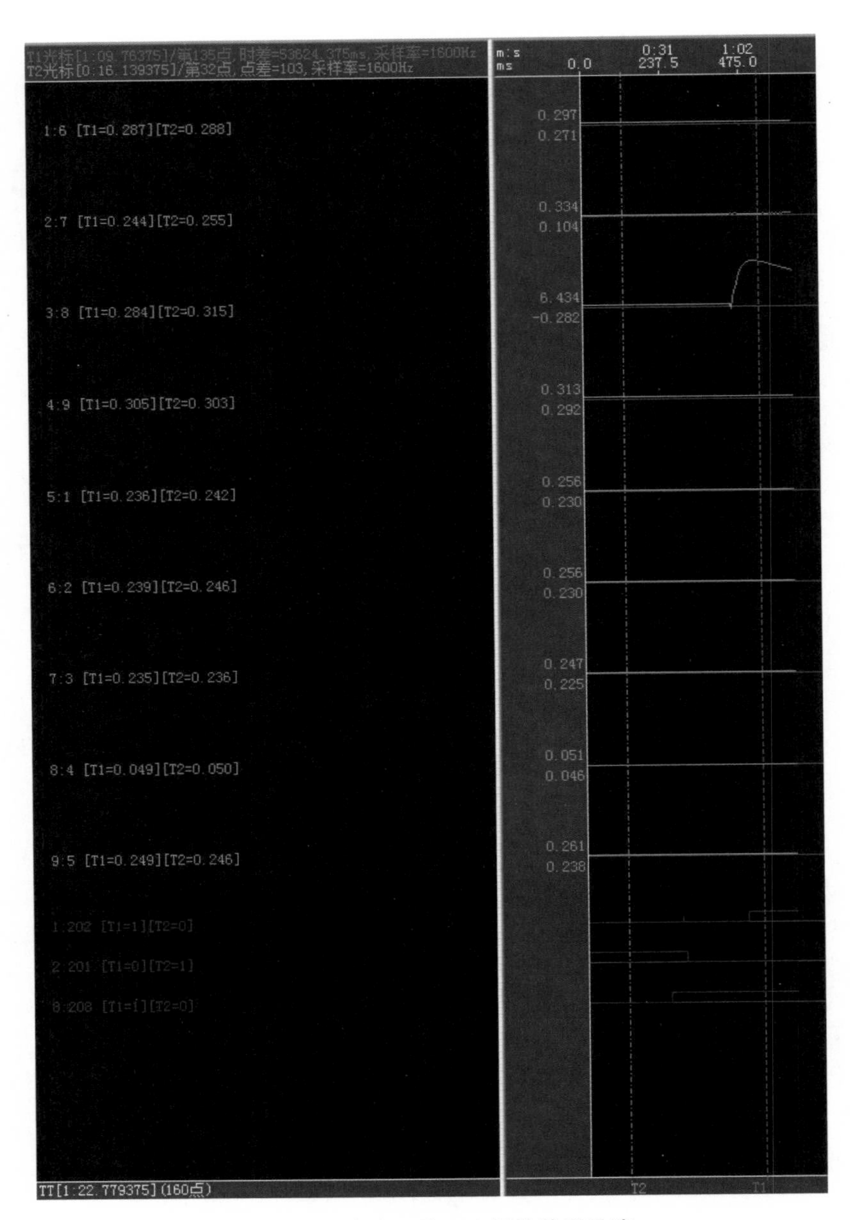

图 6-14　电容一路 911 保护装置录波

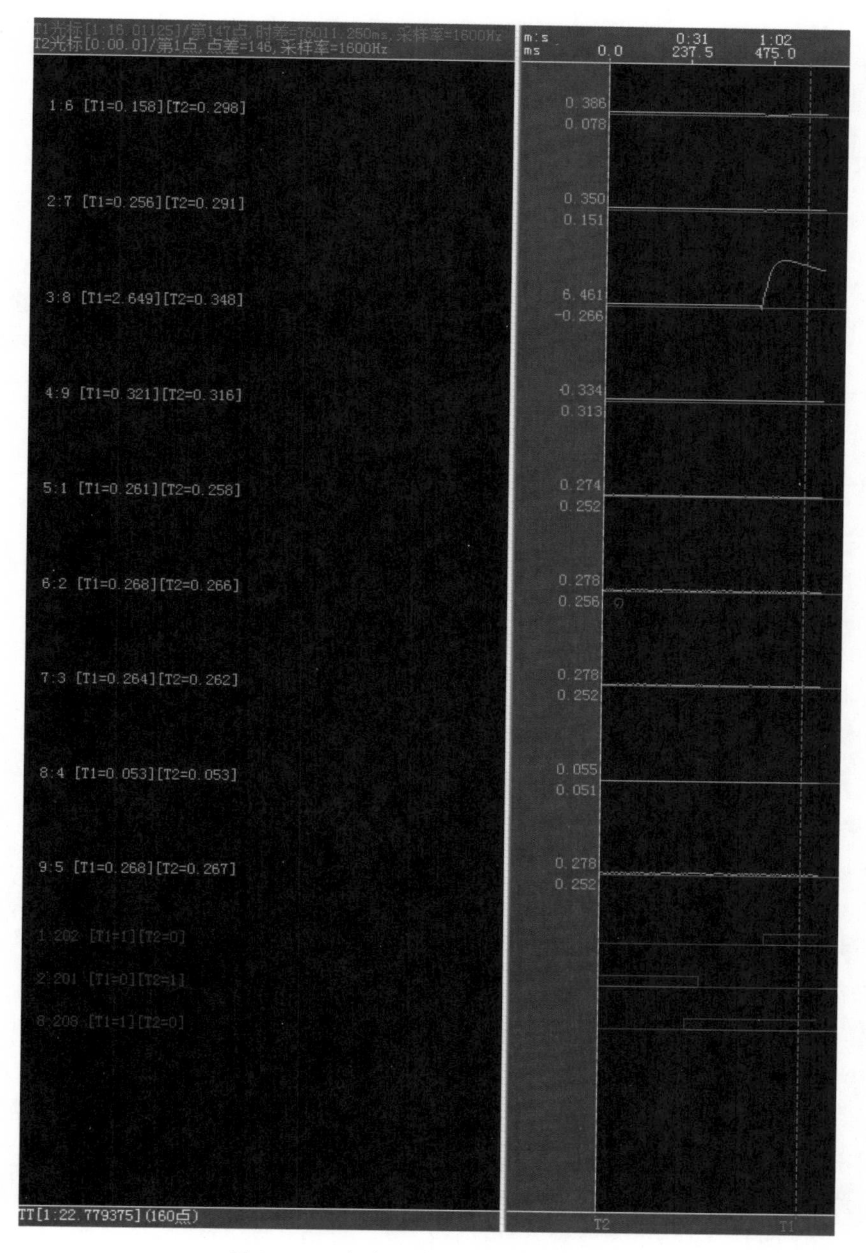

图6—15　**电容二路912保护装置录波**

表6—5　电容二路912保护装置录波说明

录波模拟量	信号	ACC
1	I_a	1
2	I_b	2
3	I_c	3
4	$3I_{0h}$	4

续表6－5

录波模拟量	信号	ACC
5	$3I_{0l}$	5
6	U_a	6
7	U_b	7
8	U_c	8
9	$3U_0$	9
201	合位监视	
202	跳位监视	
208	低电压	

保护动作时，电容二路 912 保护装置采到的电流、电压几乎都为 0，可以得出电容路动作时间在 991 开关之后，是由于电容路失压后导致的低电压保护动作。

6.4.4 故障原因分析

通过现场检查，10 kVⅠ段设备间隔保护装置显示正常，开关柜及断路器外观良好，断路器分合闸线圈均无损坏，断路器动静触头外观良好，母线外观良好，无过热烧蚀痕迹。对 10 kVⅠ段 PT 保险进行检查时，发现 A、B 相 PT 保险已损坏。1 号主变低压侧 901 开关无保护动作记录，只有变位信号。现场弧光保护装置未投运，装置无动作记录。

因现场未发现任何可能导致本次事故的明显故障点，仅从保护动作记录及故障录波情况可做如下推论：

推论 1：完全按照 D5000 信息流上的时序，站用变 911 先跳闸，跳闸原因不明，随后两路电容均低电压动作跳闸，且采样显示三相电压均为 0，但现场的情况为 B 相 PT 保险未损坏，在 901 未变位，母线带电的情况下，C 相电压不可能为 0，与现场实际不符，故本推论不成立。

推论 2：将 D5000 信息流上的时序作为参考，考虑 901 先变位，10 kVⅠ段母线失电，由于此时 911、912 电容器开关在合闸位置，且电容器两端电压不能突变，导致电容器组会对母线反送电，由于故障发生前 1 号主变风机电源为 1 号站用变，此时电容器的反送电成为 1 号站用变的唯一电源点，其无法带动 1 号主变风机负载，波形会发生畸变，同时，由于风机负载为感性负载，会反作用于电源侧，导致波形发生进一步的畸变，与站用变 991 开关保护装置录波图上的电压采样波形相吻合。在正常运行时，电容器的无功会补偿变压器，当 901 开关断开后，与电容器有电气连接的所有设备都将成为电容器放电回路的一部分，包括站用变和 PT。由于站用变高压侧绕组的阻抗小于 PT 一次绕组的阻抗，电容器放电时，会优先选择站用变高压侧绕组进行放电，其过大的放电电流会超过站用变过流保护定值，导致站用变跳闸。当站用变跳闸后，放电回路转移至PT，导致PT保险熔断，与实际相符。经过0.5 s延迟，电容器保护装置低电压动作，将电容路切除，其动作逻辑正确。故本推论与实际相吻合。

综上所述，本次故障原因是由于1号主变低压侧901开关变位后导致的一系列保护正确动作。由于901开关跳闸无任何保护动作记录，且1号主变两套保护装置均未启动，也未发现任何遥控记录，可判定901开关是在非故障情况下进行的自主变位，属于开关偷跳。

6.4.5 措施及建议

非家族性缺陷的开关偷跳暂时无法有效控制，从长期的运行经验来看，10 kV至110 kV开关均发生过偷跳，尤其是具有重合闸功能的线路开关偷跳发生频率更高。针对开关偷跳问题，建议采取以下措施：

（1）在停电检修时，对开关进行多次手动分合闸试验，以验证其是否会在某次合闸后发生自主分闸情况，及时排除问题开关。

（2）在条件允许的情况下尽可能选择合资及大品牌产品，把好产品质量入口关。

（3）对开关加装机械特性在线监测装置，可监测并记录开关分合闸线圈电流变化，掌握实时数据，准确判断开关自主变位原因，为后续整改提供支撑依据。

6.5 220 kV某变电站10 kV开关柜921故障分析

6.5.1 故障简述

2014年12月27日08时39分，220 kV某变电站10 kV Ⅱ段电容一路921开关故障，2号主变低后备保护正确动作，跳开2号主变低压侧902开关，造成220 kV某变电站10 kV Ⅱ段母线失压。

6.5.2 故障后检查情况

6.5.2.1 保护动作及设备跳闸情况

2014年12月27日08时37分30秒070毫秒，AVC自投功能启动，遥控合10 kV

电容器 921 开关；08 时 39 分 06 秒 524 毫秒，监控中心信号显示，10 kV Ⅱ段母线接地，随即 921 保护装置整组启动；08 时 39 分 40 秒 925 毫秒，921 保护装置第 2 次整组启动（即 AVC 自投功能启动，遥控合 10 kV 电容器 921 开关以后 2 分 10 秒 857 毫秒）；08 时 39 分 40 秒 872 毫秒（RCS－978E 记录的时间）2 号主变保护低后备整组启动，与 921 保护装置第 2 次整组启动几乎同一个时间，803 ms 延迟以后低后备Ⅲ侧过流Ⅰ段、Ⅲ侧过流Ⅱ段保护动作跳开 902 开关；08 时 39 分 40 秒 872 毫秒（PST－1202B 记录的时间）2 号主变保护低后备整组启动，与 921 保护装置第 2 次整组启动几乎同一个时间，812 ms 延迟以后低后备复压过流Ⅰ段 2 时限、复压过流Ⅱ段 2 时限保护动作跳开 902 开关。保护动作时序如图 6－16 所示。

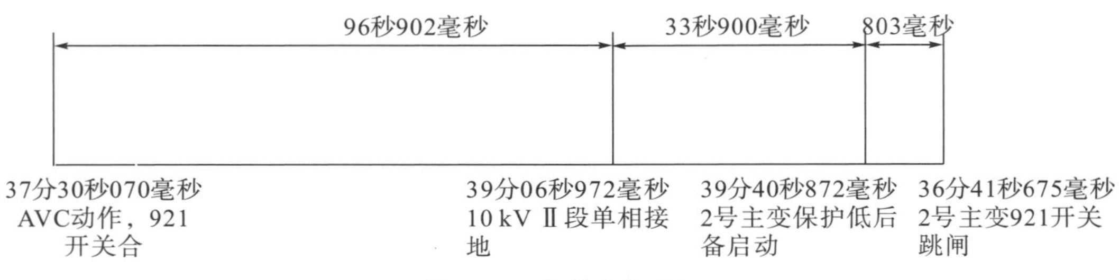

图 6－16　保护动作时序

6.5.2.2　设备检查情况

10 kV Ⅱ段电容一路 921 开关柜内，开关仓爆炸，921 开关受损严重，开关 C 相上静触头处最为严重，此静触头及连接铝排已全部被熔化掉，其余三相动静触头有不同程度的损伤，921 开关柜母线仓内主母排 A、B、C 三相穿心套管被损坏，如图 6－17 所示。

图 6－17　921 开关柜内设备故障

6.5.3　故障发生经过及设备受损原因分析

2014 年 12 月 27 日 08 时 37 分 30 秒 070 毫米，AVC 自动投入 921 开关，921 开关由热备用转入了运行状态；08 时 39 分 06 秒 524 毫米，监控中心信号显示，10 kV Ⅱ段母线接地；08 时 39 分 40 秒 872 毫秒（RCS－978E 记录的时间），2 号主变保护低后备整组启动，803 ms 延迟以后低后备Ⅲ侧过流Ⅰ段、Ⅲ侧过流Ⅱ段保护动作跳开 902 开关；08 时 39 分 40 秒 872 毫秒（PST－1202B 记录的时间），2 号主变保护低后备整组启动，812 ms 延迟以后低后备复压过流Ⅰ段 2 时限、复压过流Ⅱ段 2 时限保护动作跳开 902 开关。（故障点在 921CT 靠母线侧，不在 921 保护范围内）10 kV Ⅱ段母线失压后 921 开关保护低电压保护动作，跳开 921 开关，保护均属于正常动作。

从对 921 开关 C 相静触头盒及母线仓母排检查，结合保护动作情况分析事故过程，08 时 37 分 30 秒 070 毫秒，AVC 投入 921 开关后，921 开关 C 相上动静触头处接触不良，从而在开关上静触头盒内动静触头之间形成燃弧续流；08 时 39 分 06 秒 524 毫秒，电弧将 921 开关 C 相上静触头盒绝缘破坏，造成 C 相接地；08 时 39 分 40 秒 872 毫秒，静触头盒内的电弧燃烧将触头盒彻底烧毁，电弧冲向 C 相静触头盒背后的母排，造成 A、B、C 三相短路，803 ms 后 2 号主变保护低后备动作跳开 902 开关，故障被切除。

现场对 921 开关烧损进行分析，有以下几点原因：

（1）该开关动触头触指固定螺栓有松动现象，这种情况会造成静触头间隙走动较大，在开关小车摇进与静触头接触时，可能造成变形，导致接触不良而发热。

（2）静触头较小，与铝母排接触较小，同时铝母排眼孔为走眼，造成静触头与铝母排之间接触面进一步减小，另外从现场看，铝母排的制作工艺不到位，未打磨、粗糙，造成接触不良。

（3）主母排为铝母排，导电、散热较差。

（4）静触头与母排接触为铜铝接触，当温度升高后，更易氧化，接触电阻增加，形成恶性循环。

6.5.4 措施及建议

（1）对所有此类开关动触头触指固定螺栓进行检查、紧固。
（2）将载流量不足的开关柜铝母排更换为铜母排。
（3）将铜触头与铝母排接触面进行改进，增大接触面。

6.6 110 kV 某变电站 10 kV 开关柜 9323 刀闸故障分析

6.6.1 故障简述

2015 年 8 月 28 日 00 时 48 分 40 秒，110 kV 某变电站 2 号主变差动保护范围内发生故障，差动电流达到 $13I_e$，差动保护装置发出三相跳闸指令，成功跳开高压侧开关 102 和低压侧开关 932，造成 2 号主变失电，10 kV Ⅱ母由Ⅰ母经 10 kV 分段开关 930 供电。

6.6.2 故障基本情况

6.6.2.1 故障设备信息

隔离开关型号为 GN22－12，额定电流为 3150 A，由华仪电力设备制造有限公司 2007 年 7 月生产。

6.6.2.2 跳闸前运行方式

110 kV 某变电站 110 kV Ⅰ母、Ⅱ母并列运行，110 kV 旁母不带电；10 kV 母联 130 处于合位，10 kV Ⅰ母、Ⅱ母并列运行。

6.6.3 故障后检查情况

对 2 号主变及两侧设备进行外观检查，在对 2 号主变 10 kV 侧设备进行检查的时候，发现 932 开关柜有膨胀变形现象（如图 6－18 所示），并通过观察窗发现 9323 刀闸有烧伤痕迹。打开932开关柜后柜门后，发现9323刀闸烧伤严重（如图6－19、图6－20所示），动静触头粘连在一起，刀闸不能分开，随后发现932CT的C相有裂纹（如图6－21所示），而主变油样试验未发现主变有任何异常，110 kV侧设备未发现异常，所以判断出9323刀闸故障引起2号主变跳闸。

图6－18　932开关柜膨胀变形

图6－19　9323刀闸B相烧损（一）

图6－20　9323刀闸B相烧损（二）

图6－21　932柜内CT裂纹

6.6.4　故障原因分析

GN22－12刀闸分为动触头和静触头两部分（如图6－22所示），GN22－12隔离开关针对传统产品的弱点，彻底解决了接触压力与操作力矩之间的矛盾，在分合闸的过程中，采用了分步进行的方式：在合闸时，主动轴在转动前约80°为合闸角，用于转动触刀，使刀闸动触头从开断极限位置运动到合闸位置；在主动轴转动后10°位移为接触角，用于锁紧机构动作。它通过滑块带动连杆的运动，从而使两侧顶杆推出，磁锁板起杠杆作用，将顶杆的推力放大约5.5倍后压紧在触刀上，保证导电板与静触头间接触良好（刀闸滑块有一微动开关，只有当刀闸合到位后微动开关才会动作，打开滑块闭锁装置，此时滑块才能被连杆带动，锁紧动触头）。

根据对现场刀闸的检查，判断出本次故障为9323 B相刀闸动静触头间接触不良，接触电阻变大，在长时间通过负荷电流过程中刀闸发热，将接触面烧损，造成动静触头间出现间隙，间隙间产生电弧，电弧在电场力的作用下拉伸漂移，最终导致B相接地，接地电弧漂移导致三相短路接地（如图6－23所示）。而CT裂纹是因短路时柜子变形，

CT 受母排拉力而拉裂的。

导致刀闸接触不良的原因如下：

（1）刀闸出厂时把关不严，导致刀闸合闸到位，但是接触面偏小（如图 6－24 所示），刀闸接触面积偏小引起接触电阻增大，大电流通过时引起发热，该刀闸在没有锁紧的情况下左侧缝隙小于右侧缝隙，说明该刀闸动静触头未调整到最佳安装位置。

（2）限位销在分闸过程中未复位，以致在下一次合闸时，滑块由于没有受到限位销的阻碍而在主动轴转动前 80°时即开始滑动，于是磁锁板在动触头还未插入静触头时即处于锁紧状态。在操作人员合闸冲力的惯性作用下，刀闸合闸到位，但引起了传动轴的变形，刀闸虽然合上了，但由于刀闸的行程不够，致使动静触头间的接触压力大大减少，引起接触电阻增大、发热。

（3）磁锁板松动。在合闸到位后，顶杆顶了磁锁板，但是动触头刀口未受到压紧力，导致动静触头接触电阻增大，触头发热。

图 6－22　GN22－12 **刀闸的结构**

图 6－23　**母排烧损点**

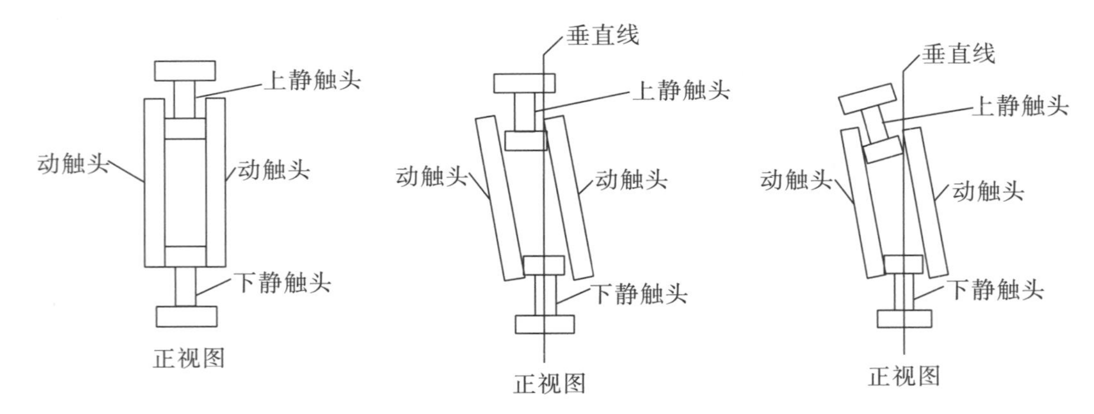

图 6－24　**刀闸接触面（从左至右分别是正常、异常、异常）**

6.6.5　措施及建议

（1）每次停电检修时检查磁锁板是否有松动情况。

（2）停电检修时加强对刀闸的限动机构的维护工作，包括顶销、限动销、运动孔洞用水磨沙纸打磨并注入适量的润滑油。

（3）新安装的GN22型刀闸，在安装前检查每一相刀闸动静触头的接触面情况。

（4）结合停电测量GN22型刀闸回路电阻，电阻偏大时及时进行处理。

（5）运维人员在分合GN22型刀闸时注意所用力的大小，如果发现合闸不到位或分合闸时用力比平时大，则要引起重视。

6.7　110 kV某变电站1号主变及10 kV线路保护跳闸故障分析

6.7.1　故障简述

2011年9月25日，110 kV某站10 kV 914＃线路发生三相短路故障，导致1号主变跳闸，对1号主变、故障开关柜出线电缆进行检查，未发现异常现象。由于供电压力，将1号主变及故障开关柜投入运行。2011年9月28日06时25分38秒，该线路再次发生三相短路故障，开关保护速断动作跳闸，延时2.5 s后重合，重合于永久性故障，后加速保护动作跳闸，但未切除故障电流，随后1号主变低后备保护1.4 s跳930＃开关，1.7 s后跳主变931＃开关。本次故障发生在10 kV 914＃线路上，应由开关速断保护切除，但开关重合于故障线路后再次跳闸时，未能断开故障电流，导致1号主变低后备保护动作，造成了事故扩大。

6.7.2　故障设备简况

开关型号为ZN28－12/1250－31.5，2000年7月投运。

6.7.3　故障前情况

110 kV为内桥接线，10 kV为单母线分段。

故障前：110 kV 182＃备用，110 kV 181＃运行，内桥130＃备用，181＃开关带1号主变运行，2号主变备用。

10 kV母联930＃开关运行，1号主变带两段10 kV母线运行，其中10 kV 914＃开关运行于10 kV Ⅰ段母线。

故障后：110 kV 182＃开关处于分位，110 kV 181＃开关处于合位，110 kV母联

130＃开关处于分位，1＃主变 10 kV 侧 931＃开关处于分位，10 kV 母联 930＃开关处于分位，10 kV 914＃开关处于分位，10 kV 两段母线失压。

6.7.4 故障情况及原因分析

6.7.4.1 保护动作情况

（1）1 号主变（181＃录波）。

2011 年 9 月 28 日 06 时 25 分 39 秒 840 毫秒起动，低后备保护 1.4 s 跳 930＃开关，低后备保护 1.7 s 跳 931＃开关

（2）10 kV 914＃断路器保护。

2011 年 9 月 28 日 06 时 25 分 38 秒 714 毫秒起动，延时 7 ms，瞬时电流速断保护动作。

06 时 25 分 38 秒 815 毫秒起动，延时 2.499 s，三相一次重合闸动作。

06 时 25 分 41 秒 391 毫秒起动，延时 7 ms，瞬时电流速断保护动作。

06 时 25 分 41 秒 397 毫秒起动，延时 0.201 s，后加速动作。

06 时 25 分 41 秒 390 毫秒起动，延时 0.601 s，定时限过流保护动作。

06 时 25 分 43 秒 170 毫秒瞬时电流速断保护返回，故障共持续 1.779 s。

06 时 25 分 43 秒 171 毫秒后加速保护返回，故障共持续 1.773 s。

06 时 25 分 43 秒 174 毫秒定时限过流保护返回，故障共持续 1.784 s。

故障录波显示故障相 A、B、C 相，故障电流 48.83 A（二次值）、5859.6 A（一次值）。

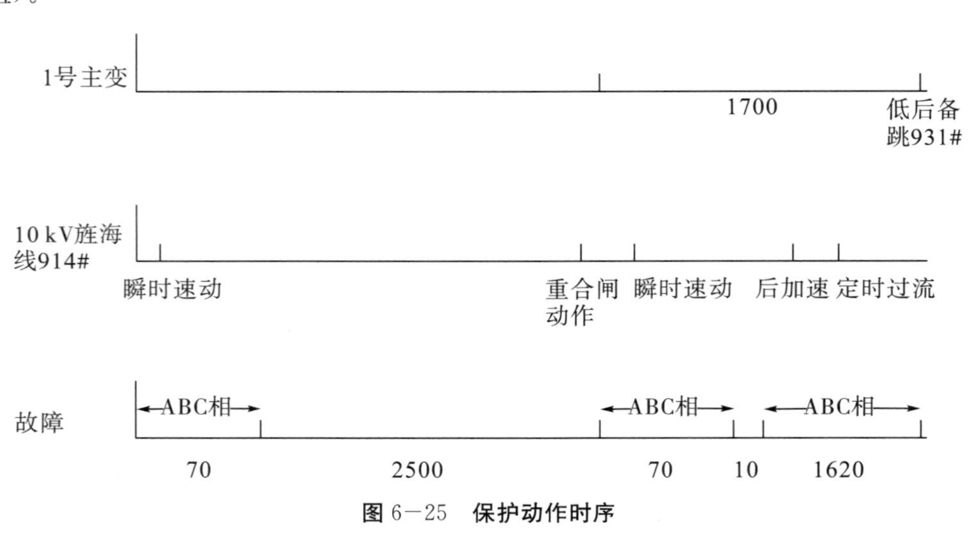

图 6－25 保护动作时序

6.7.4.2 故障录波及试验检查情况

（1）现场录波分析。

从10 kV某保护动作、110 kV 181＃保护录波分析，2011年9月25日06时25分38秒714毫秒，10 kV 914＃某线路发生ABC相短路，开关瞬时速断保护切除故障，此阶段故障持续约70 ms。

2.5 s后重合闸动作，开关合闸于故障线路，开关瞬时速断、后加速、定时限过流保护先后动作。

由图6－26可以看出，在保护动作约70 ms后开关分闸，故障电流迅速消失，电压恢复，但80 ms故障电流又出现，1.4 s、1.7 s后1号主变低后备保护动作，先后跳开930＃、931＃开关，隔离故障。

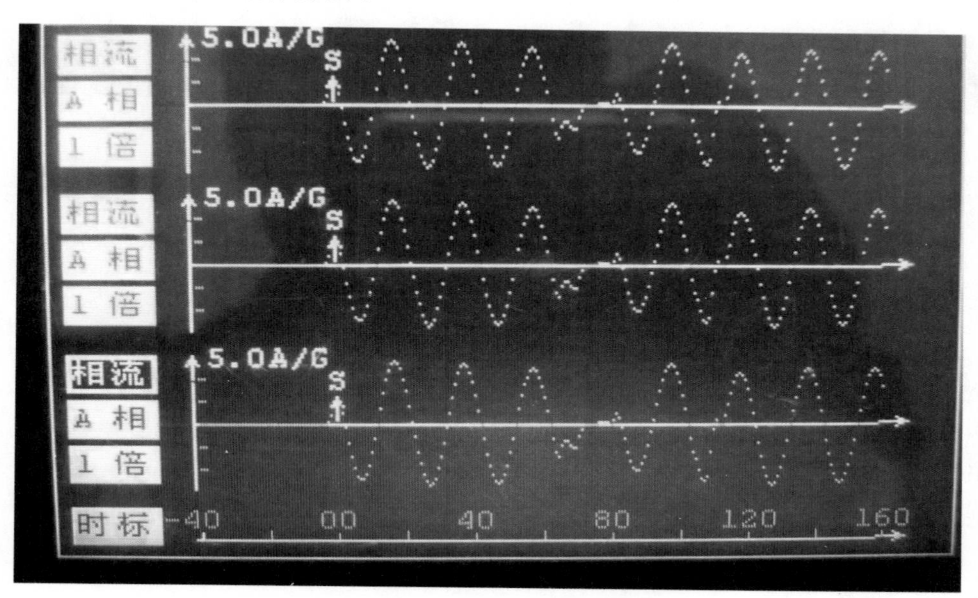

图6－26 181＃开关保护录波图

图6－27中，开关重合闸于故障，瞬时电流速断保护于06时25分41秒391毫秒起动，延时7 ms动作。06时25分43秒170毫秒瞬时电流速断保护返回，故障共持续1.779 s。由图6－26可以看出，虽然开关已断开，但故障电流一直持续到主变后备保护动作。

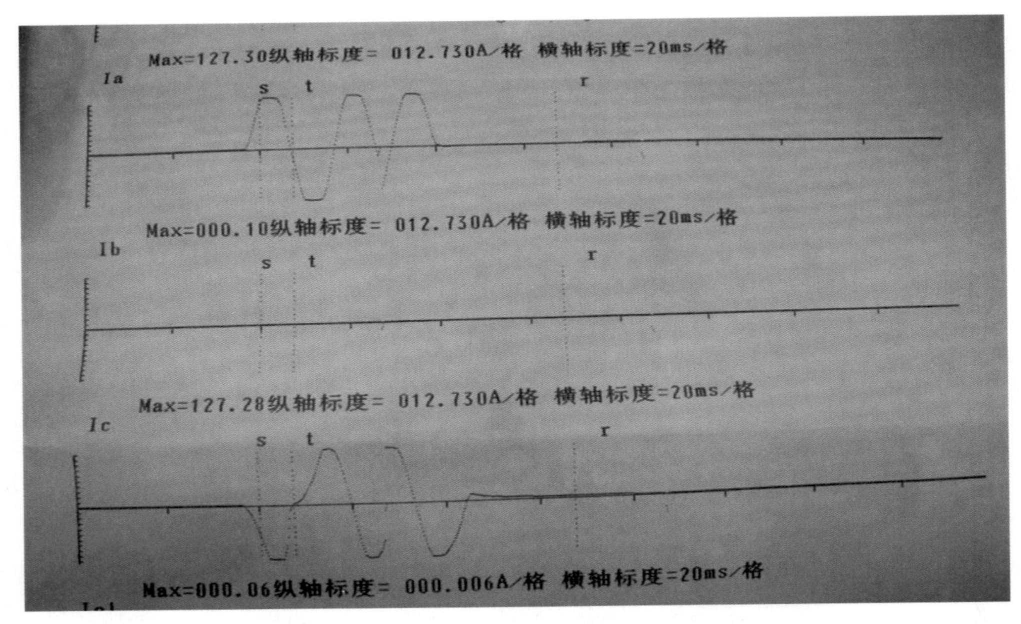

图 6－27　914＃开关保护录波图

（2）故障后高压试验情况。

故障后现场对开关进行了试验，包括耐压试验（断口和整体耐压）、机械特性试验和断口回路电阻试验，结果见表 6－6、表 6－7。

表 6－6　断路器试验数据

试验项目	试验标准	测试值		
		A 相	B 相	C 相
合闸时间（ms）	应符合制造厂规定	62.6	62.0	62.2
合闸弹跳时间（ms）	≤2	0	0	0
三相合闸时间同期性（ms）	应符合制造厂规定	0.6		
分闸时间（ms）	应符合制造厂规定	52.1	52.4	52.4
三相分闸时间同期性（ms）	应符合制造厂规定	0.3		
导电回路电阻（μΩ）	不大于 1.2 倍出厂值	76.4	96.0	83.2
相间及相对地绝缘电阻（MΩ）	参照制造厂规定或自行规定	≥2500	≥2500	≥2500
断口间绝缘电阻（MΩ）	不应低于 300 MΩ	≥2500	≥2500	≥2500
相间及相对地交流耐压	42 kV/1 min 通过，试验中无闪络击穿（带 CT 为 30 kV/1 min）	通过	通过	通过
断口间交流耐压	42 kV/1 min 通过，试验中无闪络击穿（带 CT 为 30 kV/1 min）	通过	通过	通过

续表6－6

试验项目	试验标准	测试值		
		A相	B相	C相
分、合闸电磁铁的动作电压	操作机构分、合闸电磁铁或合闸接触器端子上的最低动作电压应为操作电压额定值的30%～65%	合闸	120	
		分闸	109	
试验结论：				
测试时间：2011年9月28日	环境温度：21℃	环境湿度：65%		
测试仪器：EST－5D高压开关测试仪，HS6100回路电阻测试仪				

表6－7　**同型号、同规格断路器试验数据**

试验项目	试验标准	测试值		
		A相	B相	C相
合闸时间（ms）	应符合制造厂规定	61.3	60.7	60.6
合闸弹跳时间（ms）	≤2	0	0	0
三相合闸时间同期性（ms）	应符合制造厂规定	0.7		
分闸时间（ms）	应符合制造厂规定	46.9	47.3	47.3
三相分闸时间同期性（ms）	应符合制造厂规定	0.4		
导电回路电阻（μΩ）	不大于1.2倍出厂值	16.0	16.8	17.4
相间及相对地绝缘电阻（MΩ）	参照制造厂规定或自行规定	≥2500	≥2500	≥2500
断口间绝缘电阻（MΩ）	不应低于300 MΩ	≥2500	≥2500	≥2500
相间及相对地交流耐压	42 kV/1 min通过，试验中无闪络击穿（带CT为30 kV/1 min）	通过	通过	通过
断口间交流耐压	42 kV/1 min通过，试验中无闪络击穿（带CT为30 kV/1 min）	通过	通过	通过
分、合闸电磁铁的动作电压	操作机构分、合闸电磁铁或合闸接触器端子上的最低动作电压应为操作电压额定值的30%～65%	合闸	110	
		分闸	102	
试验结论：				
测试时间：	环境温度：	环境湿度：		
测试仪器：EST－5D高压开关测试仪，HS6100回路电阻测试仪				

耐压试验和时间特性试验均合格，回路电阻超过标准，明显大于同类型开关，推断其断口可能在故障中存在烧蚀。将开关运回检修车间后对其进行了行程测试，测试原理图如图6－28所示，测试结果如图6－29所示。

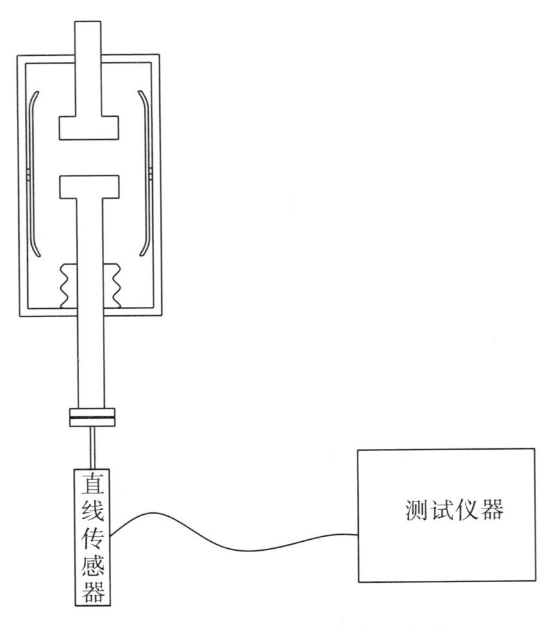

图 6-28　开关行程测试原理图

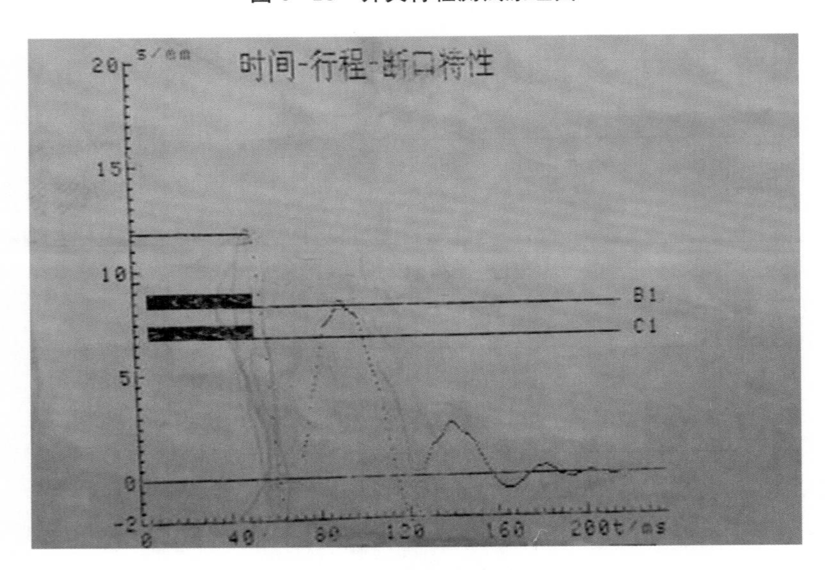

图 6-29　开关行程测试结果

由测试结果可以看出，开关分闸时，动触头总行程只有 10 mm，动触头存在约 8 mm 的反弹。为了进行对比，对该站的同型号同厂家开关进行了行程测试，结果如图 6-30所示。由图 6-29 可以看出开关分闸行程是不正常的，出现了严重反弹。再结合录波图，可以看出 914＃开关在重合闸后分闸，70 ms 之后电弧熄灭，开关动静触头在正常状态下应该是间隙越来越大，场强越来越小，电弧一旦熄灭，不可能发生重燃。但从试验结果来看，由于动触头完全分开后又回弹 8 mm，动静触头之间的间隙仅 2 mm，此时场强较大，且真空泡内的绝缘未完全恢复，容易导致间隙重击穿。

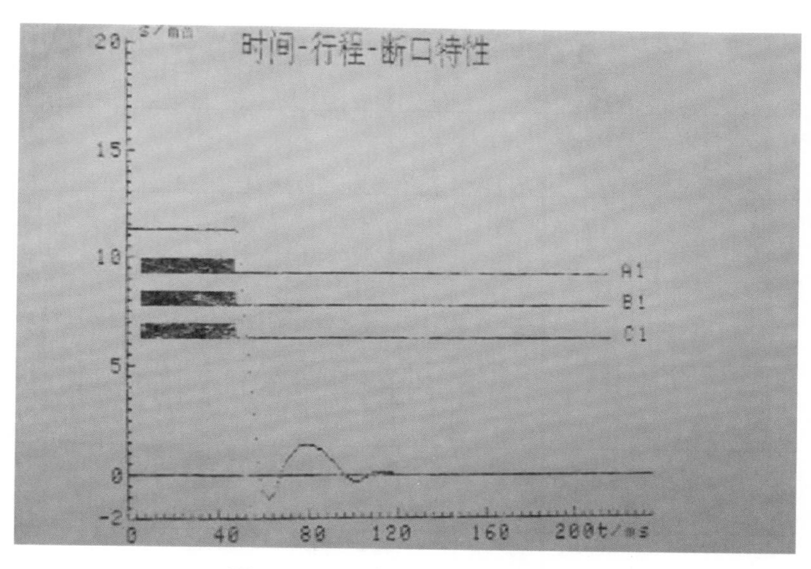

图 6－30　正常开关行程测试结果

为了尽可能找到真实准确的原因，对开关真空泡进行了解体，解体图如图 6－31 所示。

(a) 开关断口静触头

（b）开关断口动触头

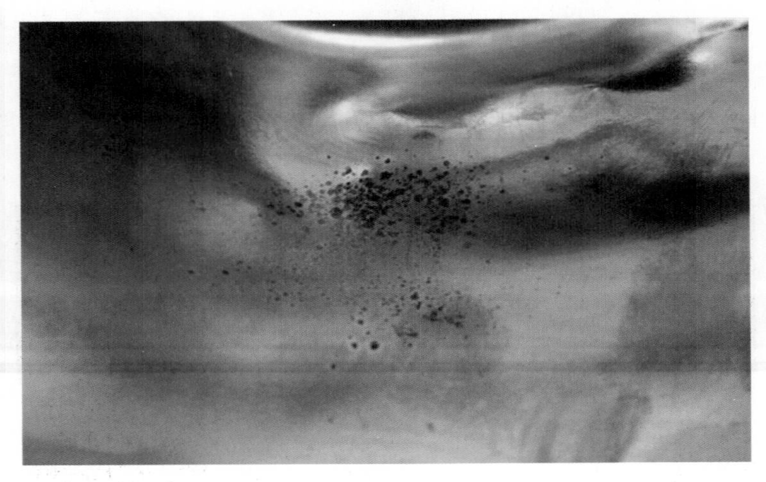

（c）真空泡金属壁上的金属熔粒

图 6－31　解体图

由解体图可以看出，开关动静触头之间存在明显的烧损痕迹，触头表面烧损严重，屏蔽罩上有金属蒸气凝结而成的金属粒，说明短路故障时断口温度极高，断口表面已经部分熔化。

（3）保护试验情况。

为了验证保护装置、开关机构动作的可靠性，模拟故障情况，对开关进行分—合—分试验，共计 50 次，均能正常动作。

6.7.4.3　故障原因分析

（1）真空泡灭弧原理。

为了更加清楚地理解开关的分合过程，下面介绍真空开关的灭弧原理。图 6－32 是真空开关灭弧室示意图，真空开关在分闸过程中，动、静触头将分离一定的间距 d，此

间距 d 将拉开到额定的间距。由于动、静触头间存在电压 U，因此动、静触头间的电场强度 $E=U/d$。在动、静触头刚分离时，间距 d 很小，触头间的电场强度非常大。在强电场下，触头表面金属电离，带电粒子溢出，飞向对侧触头，形成电弧。电弧在燃烧的过程中产生大量的金属蒸气和离子，称为“离子气”。“离子气”与气体的性质相似，具有一定的气压，从而也遵循气体的某些规律，即组成气体的微粒将从高压区迅速向低压区运动，以实现压力的平衡。在真空环境下，“离子气”迅速向周围扩散，并带走大量的电弧热量，使电弧得到冷却。此外，由于灭弧室的静态压力极低，为 $10^{-6}\sim10^{-2}$ Pa，所以只需要很小的触头间隙就能达到很高的介电强度，分闸过程中高温产生了金属蒸气及离子，和电子组成的电弧等离子体使电流持续很短一段时间。由于触头上开有螺旋槽，电流曲折路径效应形成的磁场作用在电弧上，使电弧以 70～100 m/s 的速度在触头表面旋转运动，直到电弧熄灭，这样即使在切断很大电流时也可以避免触头表面局部过热与不均匀的烧蚀。电弧在自然过零时，残留的离子、电子和金属蒸气只需要在几分之一毫秒的时间就可以复合或凝聚在金属屏蔽罩上，完成“消游离”的过程，电弧熄灭，触头间绝缘恢复。

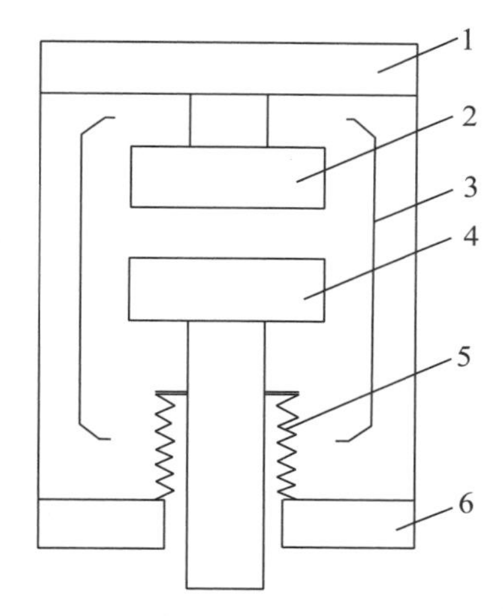

1—上法兰；2—静触头；3—屏蔽罩；4—动触头；5—波纹管；6—下法兰

图 6－32　真空开关灭弧室示意图

（2）产生电弧重燃的原因。

914＃保护的录波图清楚地显示开关未断开故障电流，模拟试验和开关机械特性试验又证实了开关正确动作。故障后现场检查时也发现开关处于断开状态。但开关跳闸时确实没有断开故障电流，那么只有一种可能性：真空泡内发生了电弧重燃，并且重燃时间持续了约 1.7 s。这样的结果严重违背了一般常识，真空泡内燃弧时间长达 1.7 s 居然不爆炸。但从故障录波和故障后的试验来看，电弧重燃是无可辩驳的事实，那么，如何来解释这一奇怪的现象呢？

从逻辑来讲，构成开关电弧重燃有以下两个必要条件：

①开关的绝缘恢复能力（自卫能力）受到极大的破坏。

②开关出现了严重的反弹。

这两个条件在电弧重燃中扮演了重要的角色。比较一下第一次跳闸和第二次跳闸之间的区别，从特性试验来看，开关的分闸速度、分闸时间和反弹幅度都很稳定，即单从机械动作角度来看，两次跳闸是完全一样的。但第一次跳闸时真空泡是在绝缘良好的状态，真空泡内没有导电的“离子气”，第二次跳闸时，真空泡内有大量的“离子气”，主要是第一次分闸放电和重合闸预击穿时产生的“离子气”，此时真空泡内绝缘还未完全恢复，因此，在这种情况下分闸会引起电弧重燃。

为什么说开关反弹引起了电弧重燃呢？开关在第二次跳闸后，有约 10 ms 的断流时间，即开关是将故障电流断开的，如果没有反弹，断流 10 ms 后，真空泡的绝缘能力高于断流前的绝缘能力，在这种情况下，真空泡很难发生重燃。正是由于反弹，导致动静触头间距离不够，引起电弧重燃。此外，由于该线路出线为双电缆出线，长度约为 1.5 km。众所周知，切断容性负荷和长电缆负荷对开关来说是非常严苛的考验。

为什么电弧在真空泡内持续燃烧了 1.7 s 而真空泡没有爆炸呢？真空泡的触头严重烧蚀，连屏蔽罩上也有大量的金属颗粒，可见开关在分合闸时产生了大量的金属蒸气，由金属蒸气形成的电弧等离子体的导电率极高，电弧电压很低，因此，伴生的电弧能量极小，还不足以使真空泡爆炸。

6.7.5 相关问题的讨论

6.7.5.1 关于开关分闸反弹的问题

分闸反弹简单来说就是开关动触头分开额定分闸位置后，动触头反弹回来的幅值。分闸反弹的控制与断路器缓冲器的性能有很大关系，缓冲器不仅对开关机械的稳定性有重要影响，而且对真空开关的开断性能也有重要影响。四川某开关厂在进行电容器组的开断试验时，总是要发生“重燃”，在万般无奈的情况下，有人提议，能否将另一台通过了切电容试验的 SF6 开关的缓冲器换过来试一试？谁知缓冲器一更换，试验就顺利通过了，而且再没有发生过“重燃”现象。

缓冲器对于高压开关是如此重要，但是，目前国内同行对这一问题并未引起足够重视。2005 年底，国家电网公司组织几位专家对国内各大开关厂家的产品质量情况进行了考察，发现所有国产开关厂家都未对开关上缓冲器的检测方法做出明确的规定，而各合资开关厂却都对如何考核缓冲器的性能做了极严格的规定。由此可见，国内开关行业与国外的差距不仅仅是在硬件和加工工艺上，更重要的是在很多问题的认识上。

甚至有开关厂干脆用橡皮团来作缓冲器，理由是橡皮缓冲器结构简单，调整起来方便。殊不知橡皮根本没有吸收能量的作用，无论物体以多大的速度撞击它，都会以几乎相等的速度被弹回，在这种情况下，开关所受到的冲击力就可想而知了。

从前面的分析我们知道，开关严重反弹会影响真空泡灭弧绝缘性能，但无论是交接规程还是预试规程，都未对开关反弹做出明确的规定，开关生产厂家也很少在这方面做出要求。几乎所有的厂家都只对开关合闸弹跳做出规定，对分闸反弹没有要求。从收集到的数据来看，只有 AAB 开关在分闸反弹方面采用了非常严格的标准。以 VD4 真空断路器为例，出厂报告中明确要求分闸反弹的幅值不大于 0.5 mm，可见 AAB 公司对分闸反弹的重视。

6.7.5.2　开关回路电阻测试的重要意义

开关的回路电阻反映了动静触头的接触情况。从前面的分析可以知道，真空开关触头的烧蚀程度会影响断口绝缘的恢复速度，直接影响开关的断流能力，以至于使开关最终丧失了重合闸的能力。那么，怎么判断开关触头已经损坏呢？从经验来看，首先，与开关的历史值进行对比，如果变化较大，应该引起注意。其次，当回路电阻大于 80 μΩ 时，一般来说，如果开关安装没有问题，则触头损坏的可能性极大，不具备做重合闸的能力。例如，某次预试中发现 10 kV 真空开关回路电阻为 86 μΩ，解剖后发现其触头已大面积烧蚀，如图 6－33 所示。

图 6－33　真空开关触头烧蚀图

6.7.6　措施及建议

事故暴露出如下问题：

（1）针对长电缆出线、重要用户的情况，建议选用能够频繁投切、具备极低重燃率的 C2－M2 级开关。

（2）直流电阻测试具有重要意义，它影响了开关完成 O－C－O 操作的能力。因此，应提高直流电阻测试的精度，强化直流电阻数据管理。如果直流电阻数据不合格，建议退出重合闸，或更换真空泡。

（3）分闸反弹反映了缓冲器的设计水平和质量，应严把设备入口关。进行开关交接试验时，加强对分闸反弹的测试，不要引入有设计缺陷的设备。

第7章　其他设备案例

7.1　220 kV GIS刀闸非全相合闸故障分析

7.1.1　故障简述

220 kV某GIS变电站，对两台变压器进行了5次充电合闸后，在将2号主变的220 kV侧中性点隔离开关拉开的过程中，隔离开关处产生了弧光。

7.1.2　故障前运行方式

220 kV线路262开关运行于220 kV Ⅱ母，通过母联212开关使220 kVⅠ、Ⅱ母线并列运行；1号主变220 kV侧运行于Ⅱ母，110 kV侧101开关处于分位，10 kV侧901开关处于合位且带10 kV Ⅰ段母线及PT运行，1号主变220 kV侧中性点2019隔离开关、110 kV侧中性点1019隔离开关处于合闸状态；2号主变220 kV侧运行于Ⅰ母，110 kV侧102开关处于分位，10 kV侧902开关处于分位，2号主变220 kV侧中性点2029隔离开关、110 kV侧中性点1029隔离开关处于合闸状态；按照启动投运方案操作到拉开2号主变高压侧中性点2029隔离开关时，2029隔离开关断口产生拉弧现象，随即操作人员拉开220 kV线路262开关，终止启动投运程序。

2号主变中性点零序电流如图7−1所示，在拉开2029中性点隔离开关时，2号主变220 kV侧中性点流过了故障电流，说明2号主变220 kV侧中性点与地之间存在电压差，导致刀闸断口放弧。

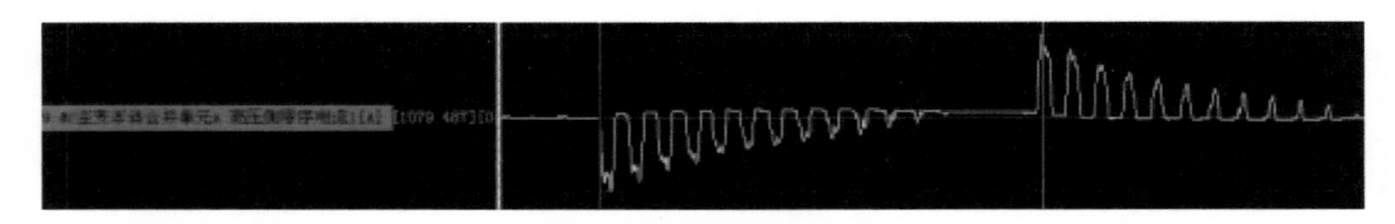

图 7－1　2 号主变中性点零序电流

7.1.3　GIS 设备情况分析

根据故障的录波图，初步判断 2 号主变存在非全相运行的问题，于是对 2 号主变高压侧开关、刀闸回路进行了导通性检查。2 号主变 220 kV 侧总路设备一次连接图如图 7－2所示，2026 刀闸处于合位，当合上 20240 接地刀闸时，对 2 号主变 220 kV 侧套管处分相进行绝缘测试，测试结果为：A、C 相绝缘为 0，B 相绝缘很大。

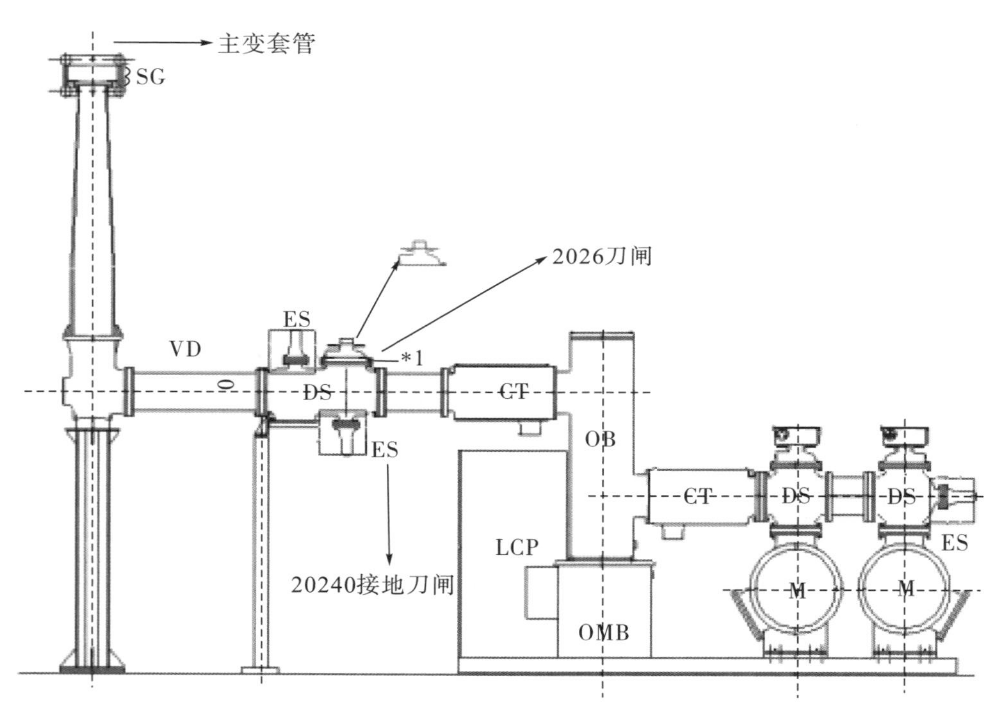

图 7－2　GIS 设备一次连接图

基于上述情况，初步怀疑 2 号主变 220 kV 侧 2026 刀闸 B 相未合到位导致非全相运行，于是对 2026 隔离开关进行了开仓检查。将绝缘转轴从端盖板取下，发现绝缘转轴键槽破裂（如图 7－3 所示），绝缘转轴筒内有摩擦痕迹，连接件的销子损坏。这说明绝缘转轴在力的作用下转动破损，连接件的销子损坏，最后销子在绝缘转轴筒内转动，因此绝缘转轴没有转动，不能带动刀闸动触头转动，致使 B 相没有合到位。

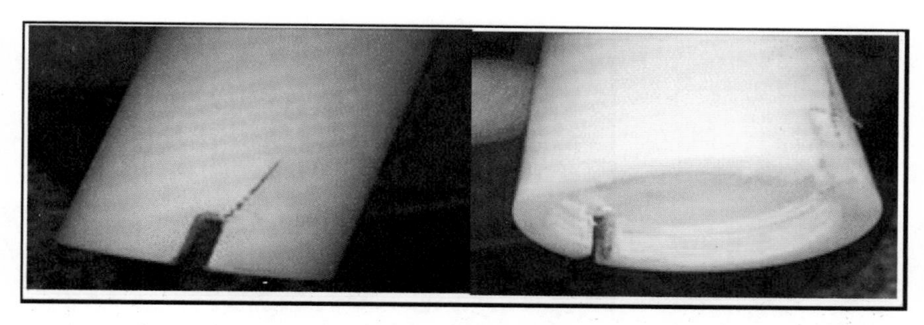

图7－3　机构受损

该变电站为GIS设备，很难发现GIS设备的非全相运行，主要原因如下：

（1）由于GIS设备是封闭式的，无法看到刀闸的实际断口，只有通过机构处分合位指示和监控后台间接判断。本次故障过程中，机构合位指示正确，后台二次指示也正确，无法发现2026刀闸B相缺相。

（2）很难通过电压来判断是否缺相。

7.1.4　中性点刀闸产生弧光的分析

7.1.4.1　仿真模型

为了得到主变中性点刀闸拉开前、后的各侧电压情况，采用Matlab软件对拉中性点刀闸前和拉中性点刀闸后的状态进行仿真，如图7－4所示。

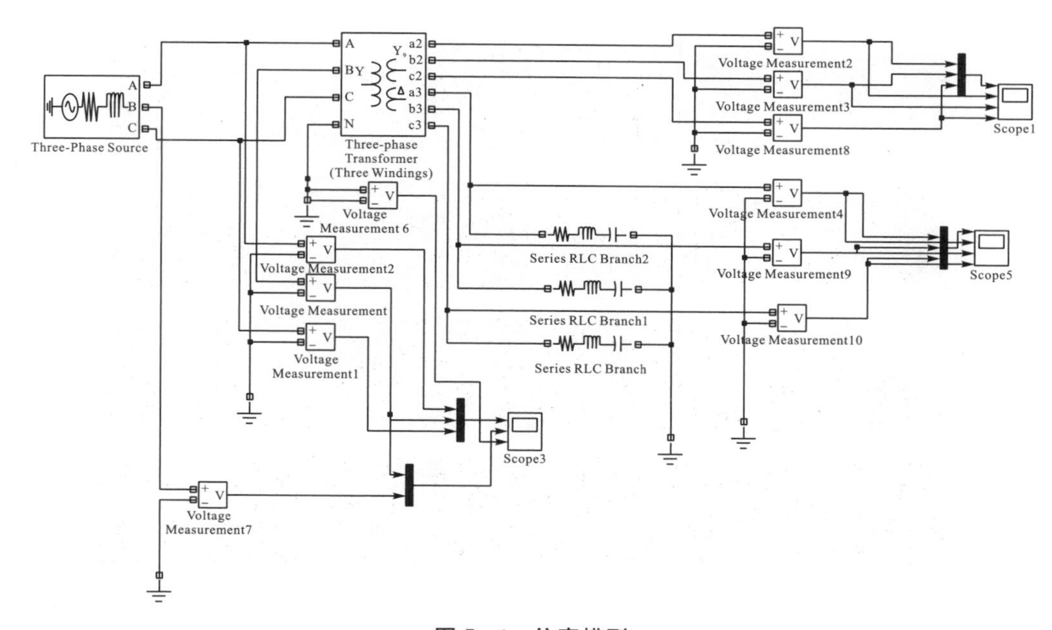

图7－4　仿真模型

7.1.4.2 仿真结果

中性点刀闸在合闸位置，主变各侧电压波形如图 7-5、图 7-6、图 7-7 所示。

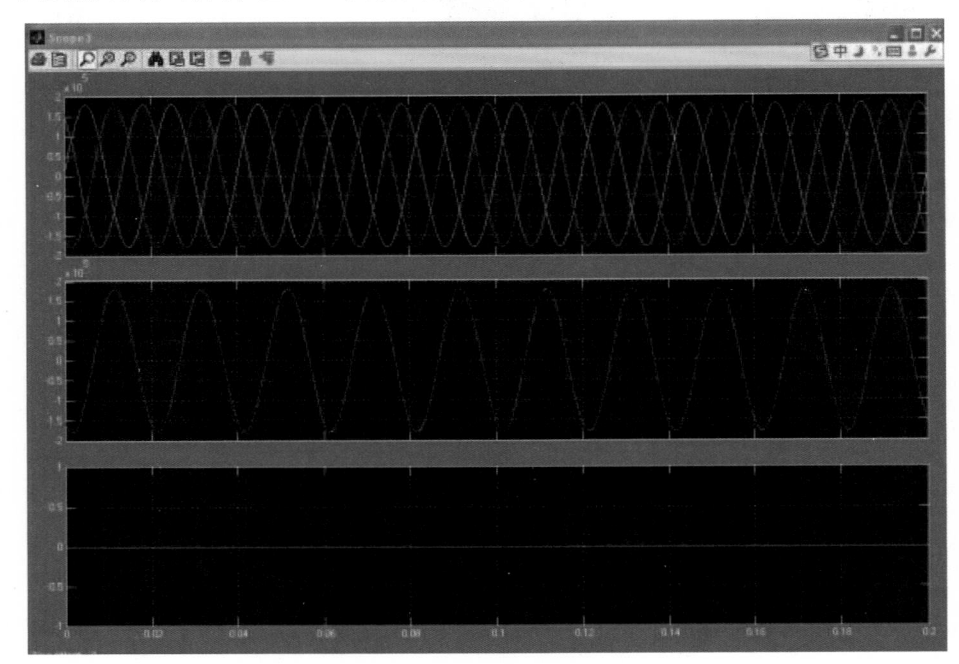

图 7-5 220 kV 侧电压

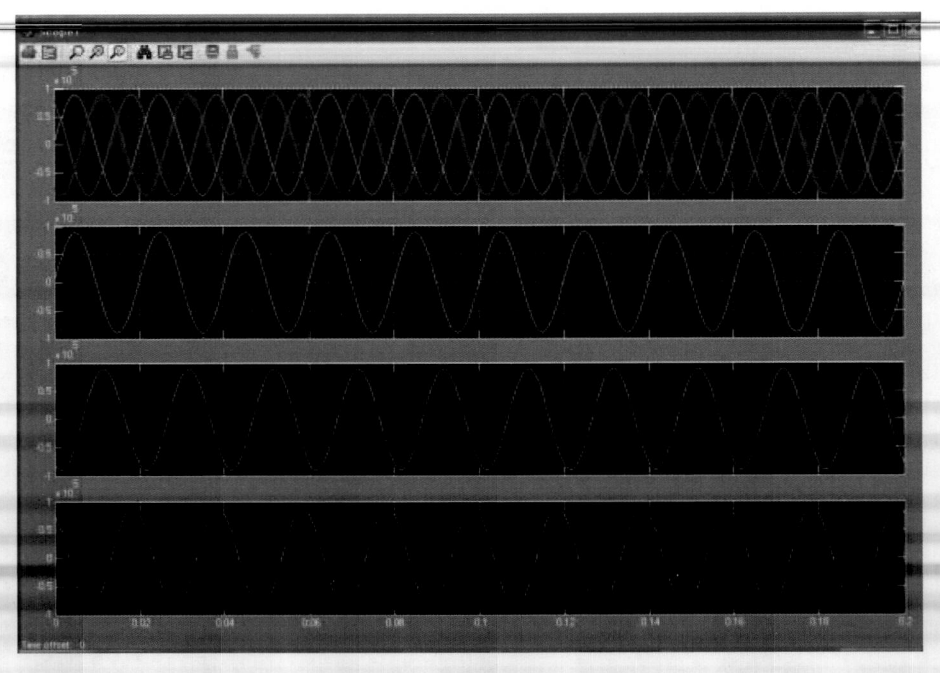

图 7-6 110 kV 侧电压

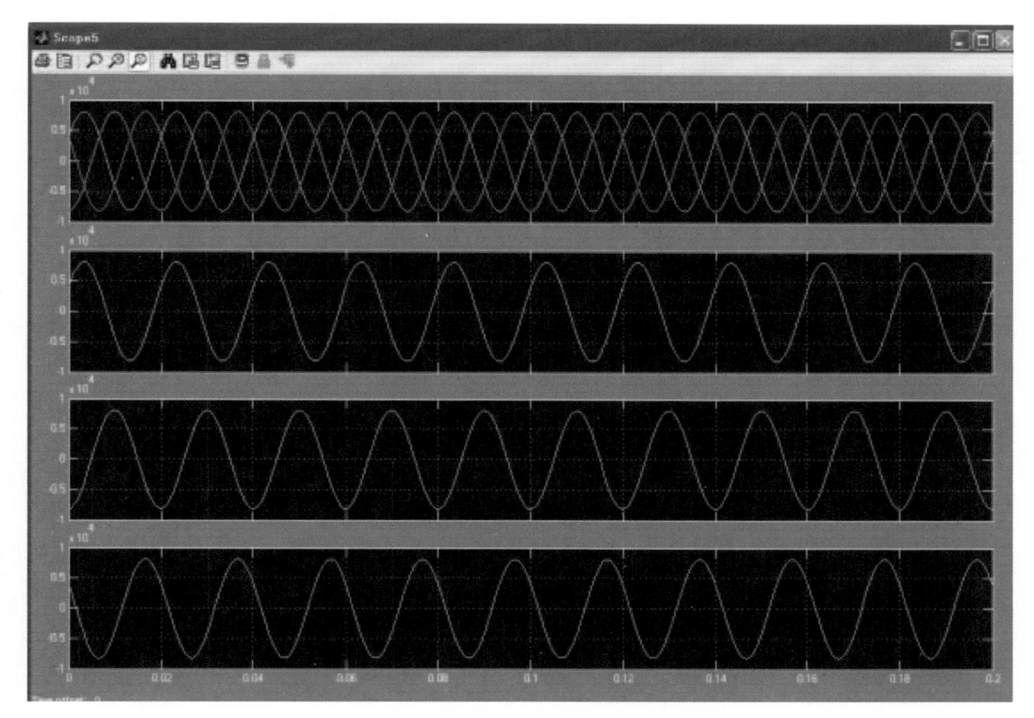

图 7—7　10 kV 侧电压

中性点刀闸在分闸位置，主变各侧电压波形如图 7—8、图 7—9、图 7—10 所示。

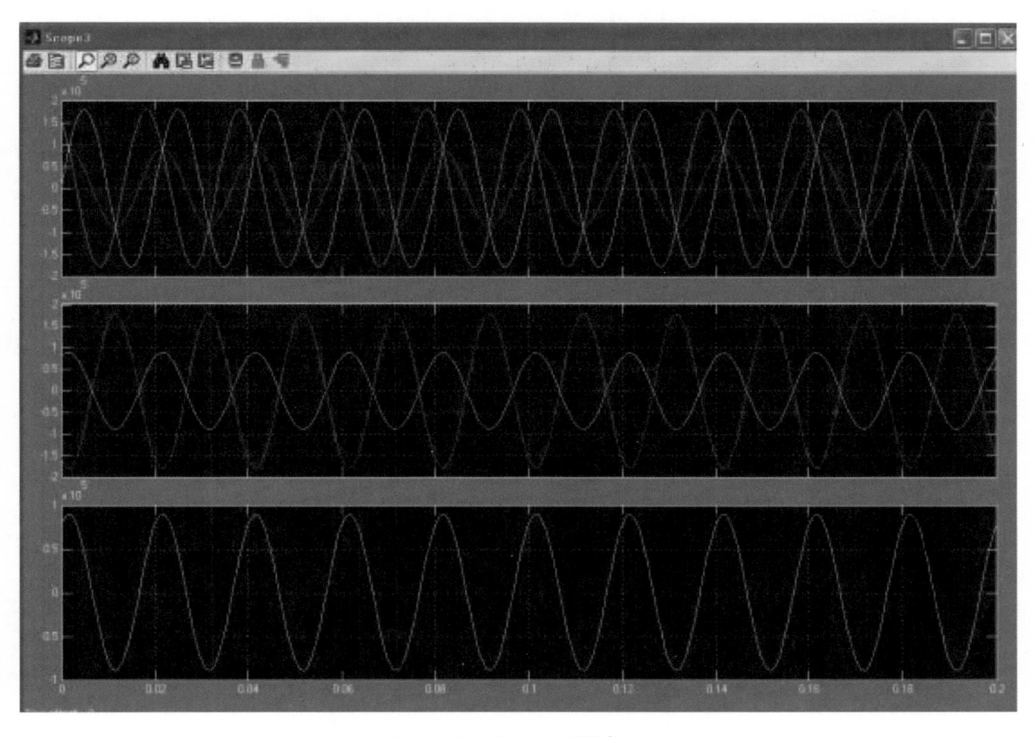

图 7—8　220 kV 侧电压

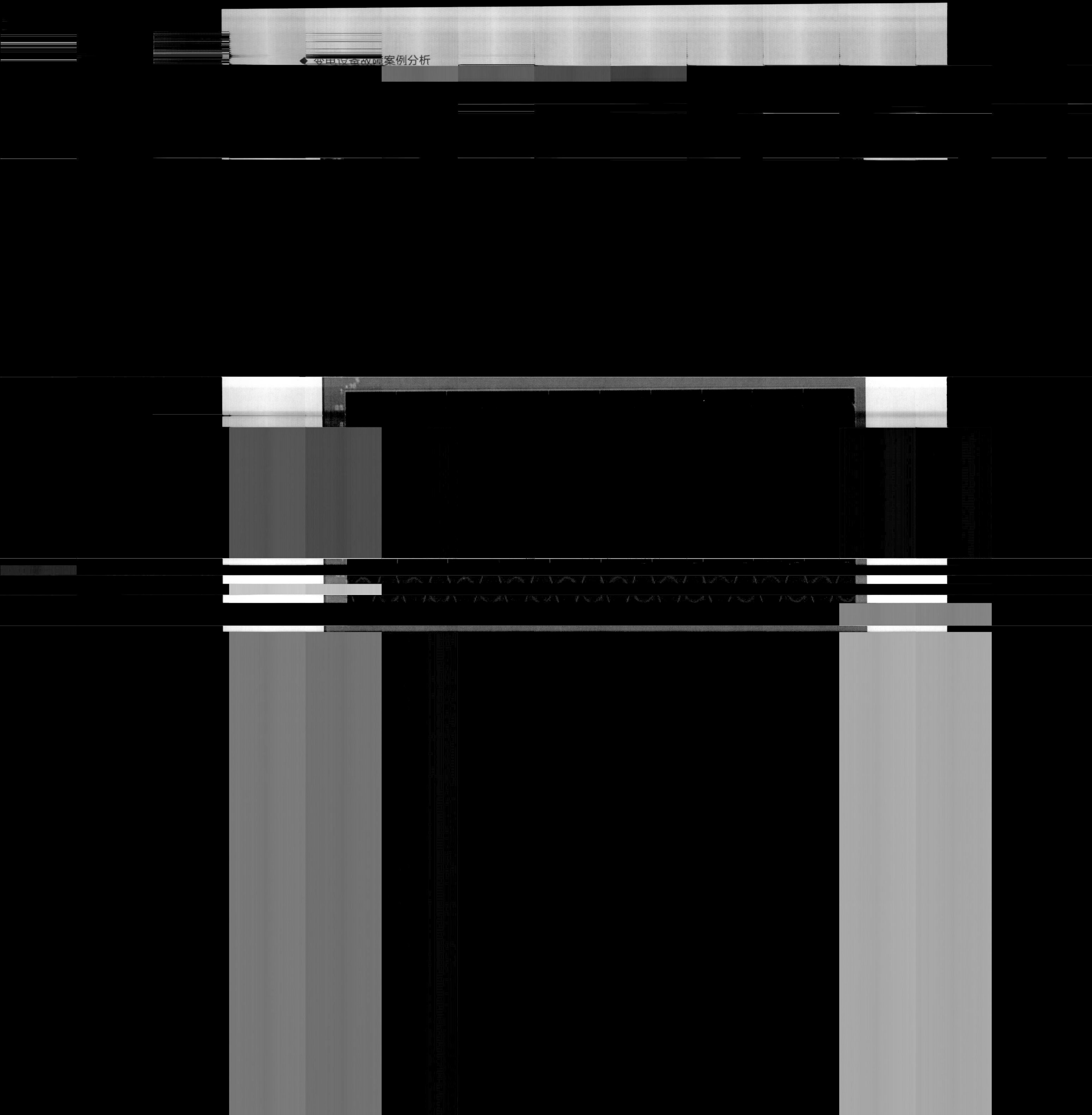

7.1.4.3 仿真结论

（1）中性点刀闸在合闸位置时，各侧电压与不缺相时完全一致。

（2）中性点刀闸在分闸位置时，220 kV侧B相电位为$-\frac{V_B}{2}$，中性点电位为$-\frac{V_B}{2}$，A、C相正常；110 kV侧B相电压为0，A、C相正常；10 kV侧C相电压正常，A、B相电压为C相电压一半，相位相反。

7.1.5 防范措施

每次对主变进行充电合闸时都应检查故障录波图，通过观察三相励磁涌流的幅值来判断是否缺相，该方法可能在第二次合闸冲击时就可以判断出是否缺相。

7.2 220 kV某变电站220 kV Ⅰ母避雷器故障分析

7.2.1 故障简述

2019年9月17日，220 kV某变电站220 kVⅠ母PT避雷器A相发生故障，造成220 kVⅠ母跳闸。

7.2.2 故障基本情况

7.2.2.1 故障设备信息

220 kVⅠ母PT避雷器结构形式为金属氧化物（无间隙），型号为Y10W－200/520，由南阳避雷器厂生产，出厂日期为1997年12月。

7.2.2.2 故障简要经过

9月17日10时39分，220 kV某变电站220 kVⅠ母PT避雷器A相发生故障，220 kV 1号、2号母差保护Ⅰ母差动保护动作，故障造成220 kV 261、264、271、1

号主变 220 kV 侧 201、母联 212 开关跳闸。

7.2.3 故障原因分析

2019年9月18日，相关专业人员对220 kV Ⅰ母A相避雷器进行现场解体检查

图 7—11 故障后外观

图7—12　内部密封法兰

通过解体检查可以得出结论：本次故障是由于220 kV Ⅰ母A相避雷器上节顶部密封胶垫老化收缩失去密封作用，导致内部绝缘筒进水受潮，绝缘降低，引起贯穿性放电。

7.2.4　措施及建议

（1）严格执行《国家电网公司变电检测管理规定》周期要求。对运行20年以上的老旧设备开展隐患排查，加大巡视力度，加强带电检测和状态评价，完善备品备件储备，统筹考虑，对状态不好的设备应缩短预试周期。

（2）对南阳避雷器厂同批次设备进行全面排查，逐步更换。

7.3　220 kV某变电站220 kV Ⅰ母失电分析

7.3.1　故障简述

2018年12月27日22时27分，220 kV某变电站220 kV 1号、2号母差保护动作，220 kV Ⅰ＃母线上所有开关跳闸，同时母差启动将线路对侧开关远方跳闸。

7.3.2 故障基本情况

7.3.2.1 故障前运行方式

220 kV某变电站1号主变201开关、3号主变203开关、220 kV 266开关、265开关、263开关运行于220 kV Ⅰ母。2号主变202开关、220 kV 264开关、262开关、261开关运行于220 kV Ⅱ母。220 kV母联260开关并列Ⅰ、Ⅱ母运行。

7.3.2.2 故障发生经过

12月27日22时27分，220 kV某变电站220 kV母联2601号刀闸C相引流线线夹断裂，引流线脱落至地面，造成220 kV Ⅰ母单相接地，220 kV 1号、2号母差保护动作，将220 kV Ⅰ#母线上所有开关跳闸，同时母差启动将线路对侧开关远方跳闸。

7.3.3 故障原因分析

经现场检查，220 kV母联2601号刀闸C相引流线线夹为老旧对接式铜铝过渡设备线夹，断口明显。如图7－13、图7－14所示。

图7－13 线夹断裂现场照片

图7—14　断裂线夹情况

对接式铜铝过渡设备线夹本身存在设计隐患，易在对接处产生电化学反应，在长期运行中发生断裂。同时，事件发生时，220 kV某变电站地区正处于最大一次寒潮期间，当晚温度低至2℃，并伴有东北风3～4级。低温天气导致户外设备金属部件脆性增加，也使设备引线收缩，线夹受到的拉应力进一步增强，直接导致2601号刀闸C相线夹受力脆断脱落。

综上所述，造成本次事故的原因是老旧对接式铜铝过渡设备线夹本身存在安全隐患，在极端恶劣天气下断裂脱落，单相对地放电，引起220 kV母线差动保护动作。

7.3.4　措施及建议

加强对老旧线夹的运行监测，综合运用红外、紫外、高倍望远镜等手段对线夹开展检查，重点监测老旧线夹连接部位，判断其运行状况。每季度对设备线夹开展一次精准测温；建立设备线夹图库，每年更新一次，并对其运行状态进行综合研判。

7.4　220 kV GIS合闸不到位故障分析

2020年12月21日09时12分，某公司在220 kV某变电站220 kV Ⅱ母停电倒闸操作过程中发生2022刀闸短路接地故障，造成220 kVⅠ母、Ⅱ母失压。

7.4.1 故障基本情况

7.4.1.1 设备情况

220 kV 某变电站 220 kV 设备型式为户外 GIS，生产厂家为西安西电开关电气有限公司（以下简称“西开”），产品型号为 ZF9−252，生产日期为 2013 年 1 月，投运日期为 2013 年 12 月 27 日。

7.4.1.2 故障简要经过及应急处置情况

（1）故障简要经过。

12 月 21 日 08 时 38 分，变电运维人员根据地调指令，开始执行“某变电站 220 kV Ⅱ母上所有运行开关倒至Ⅰ母，220 kV Ⅱ母由运行转冷备用”操作。运维人员首先将母联 212 开关转为“死开关”，随后完成 262 开关、264 开关方式调整，合上 2 号主变 2021 刀闸并检查刀闸合闸位置指示及二次电压切换正常。09 时 12 分，运维人员在拉开 2 号主变 2022 刀闸时，发生接地故障，220 kV Ⅱ母差保护动作（在母线互联状态下，保护装置只报Ⅱ母故障，实际是两条母线均动作）。

（2）现场检查情况。

检修人员现场检查 220 kV GIS 设备外观无异常，各间隔气室 SF6 压力正常，2 号主变 220 kV 侧 2021 刀闸电气、机械指示位置在合位，2022 刀闸电气、机械指示位置在分位。如图 7−15 所示。

图 7−15　2021、2022 刀闸电气、机械指示位置

检测 2021、2022 刀闸气室 SF6 分解物，测试结果见表 7−1，发现 2022 刀闸气室分解物严重超标，判断其内部发生放电故障；2021 刀闸气室气体检测结果正常。

表 7－1　刀闸气室 SF6 分解物测试结果

测试项目	分解物（μL/L）	
	SO_2	H_2S
注意值	1	1
2021 刀闸气室	0	0
2022 刀闸气室	100	79.81

检修人员对 2021 刀闸进行了人工手动分闸操作，并通过 X 光检测确定刀闸为分闸状态。13 时 20 分，220 kVⅠ母送电正常，220 kVⅡ母及 2 号主变间隔转冷备用隔离。

7.4.2　故障原因

7.4.2.1　保护动作情况分析

220 kV Ⅰ、Ⅱ母 1 号母线保护动作情况如下：

保护装置厂家及型号为南瑞继保 PCS－915。

2020 年 12 月 21 日 09 时 12 分 50 秒 971 毫秒，整组起动。

2020 年 12 月 21 日 09 时 12 分 50 秒 976 毫秒，差动跳母联。

2020 年 12 月 21 日 09 时 12 分 50 秒 976 毫秒，变化量差动跳Ⅰ母。

2020 年 12 月 21 日 09 时 12 分 50 秒 976 毫秒，变化量差动跳Ⅱ母。

2020 年 12 月 21 日 09 时 12 分 50 秒 993 毫秒，稳态量差动跳Ⅰ母。

2020 年 12 月 21 日 09 时 12 分 50 秒 993 毫秒，稳态量差动跳Ⅱ母。

1 号母线保护装置录波图如图 7－16 所示。

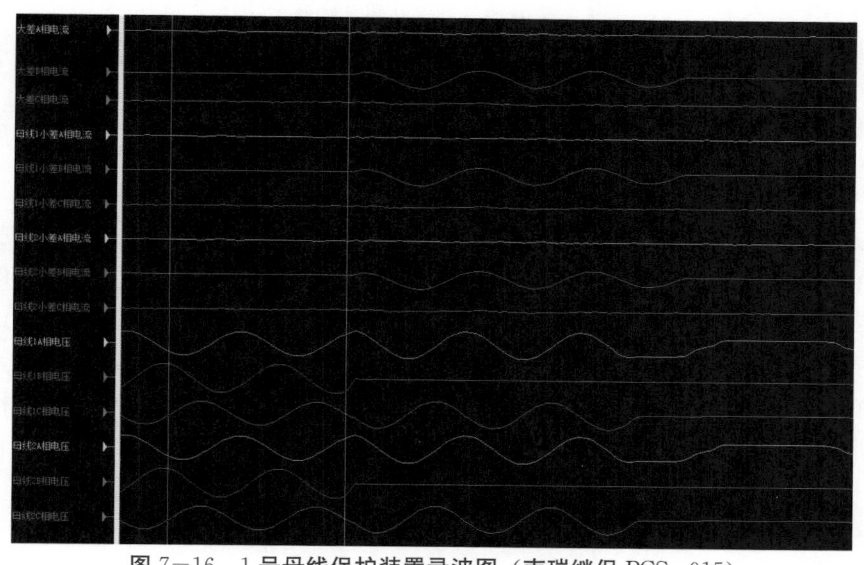

图 7－16　1 号母线保护装置录波图（南瑞继保 PCS－915）

220 kV Ⅰ、Ⅱ母 2 号母线保护动作情况如下：

保护装置厂家及型号为许继 WMH－800B。

2020 年 12 月 21 日 09 时 12 分 50 秒 970 毫秒，整组起动。

2020 年 12 月 21 日 09 时 12 分 50 秒 976 毫秒，Ⅱ母差动保护动作、Ⅱ母差动跳母联、母联跳闸出口、201 跳闸出口、202 跳闸出口、郇秋二跳闸出口、新秋一跳闸出口、新秋二跳闸出口。

备注：因母联开关在合位，经许继厂家确认，WMH－800B 装置在母线互联状态下，只报Ⅱ母故障，实际是两条母线均动作。

2 号母线保护装置录波图如图 7－17 所示。

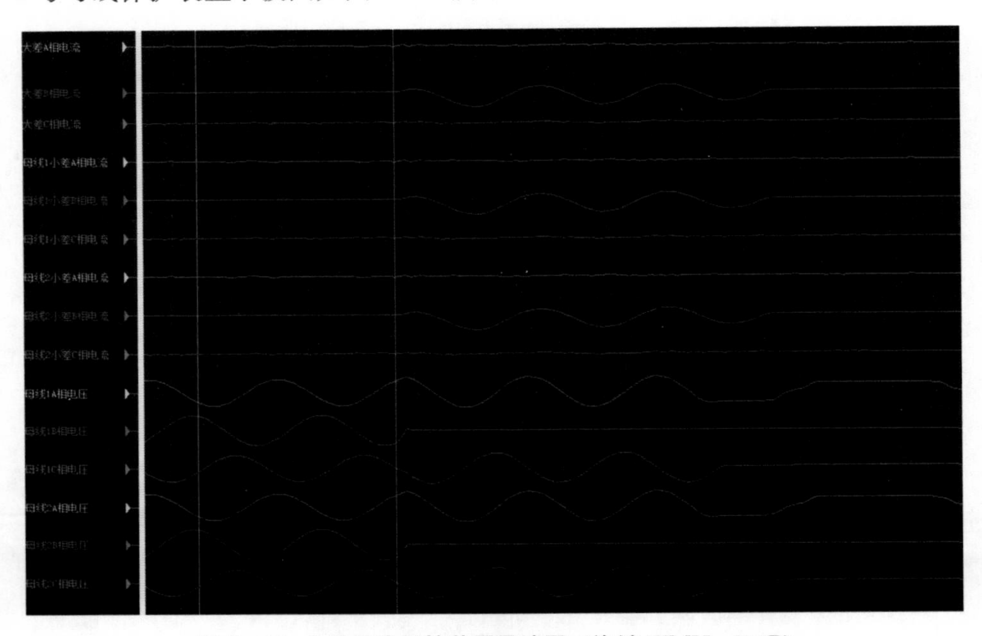

图 7－17　2 号母线保护装置录波图（许继 WMH－800B）

调阅后台保护动作信息及故障录波数据，故障过程发展时序为 12 月 21 日 09 时 12 分 50 秒，发生 220 kVⅡ母 B 相接地故障，220 kVⅡ母差动保护动作，导致 201、202、262、263、264 开关跳闸，220 kVⅠ母、Ⅱ母失压。

母差保护动作情况分析：根据录波和保护动作报文，故障时该 220 kV 变电站 220 kV B 相母线电压下降为 0，保护动作瞬间差流约为 20000 A（一次值），差动保护动作定值为 600 A，满足动作条件，通过故障查找，发现 2 号主变 2022 刀闸仓有放弧发生。220 kV Ⅰ、Ⅱ母线 2 号母差及失灵保护装置是 WMH－800BG1，该装置在母联硬联运行方式下发生母线故障时，报文只显示装置内定的母线差动动作，出口为两段母线上所有间隔。综上，秋月站 220 kV Ⅰ、Ⅱ母线 1 号、2 号母差及失灵保护装置差动保护正确动作。

7.4.2.2　故障原因分析

（1）刀闸机构相间连杆设计结构。

经咨询西开厂家技术人员，刀闸机构外形如图7－18所示，刀间相间连杆内部装配如图7－19所示。

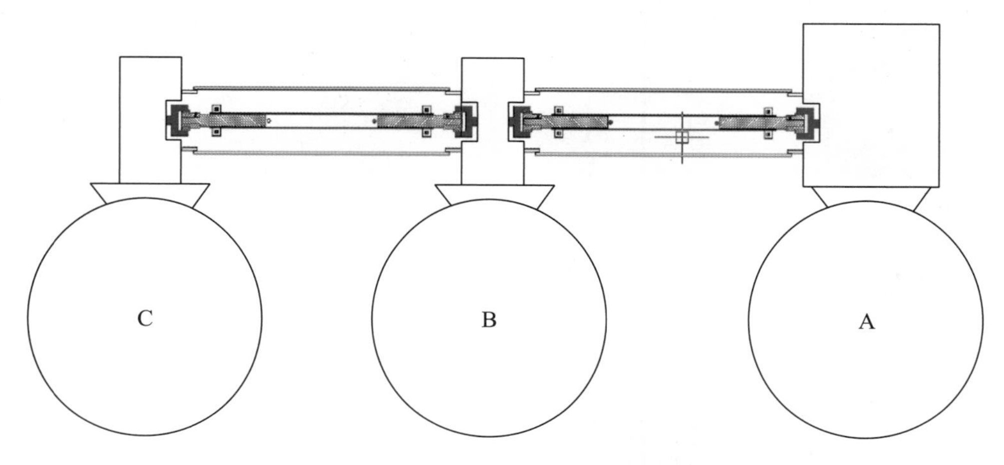

图7－18　刀闸机构外形

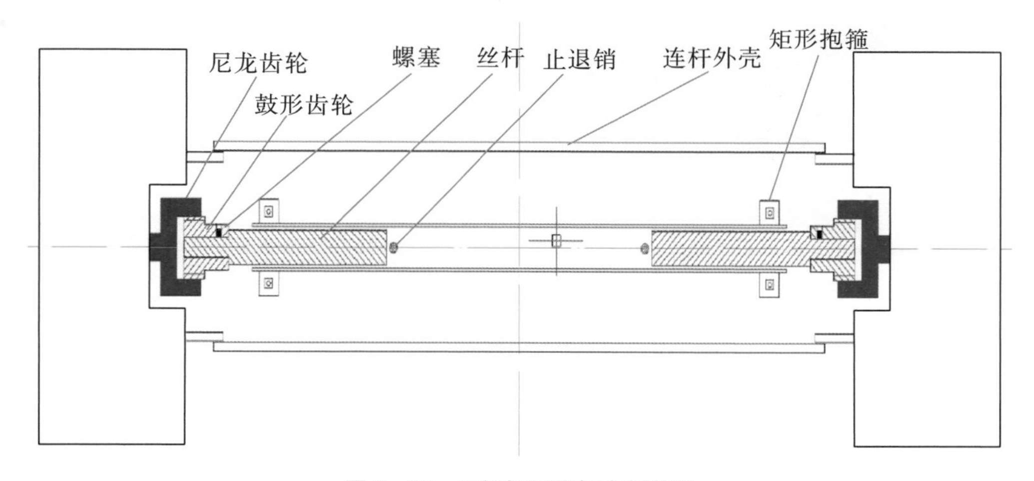

图7－19　刀闸相间连杆内部装配

（2）刀闸机构相间连杆现场检查情况。

故障后，变电检修中心人员现场打开2021刀闸相间连杆圆筒式的防护壳，发现2021刀闸操动机构AB相相间连杆上鼓形齿轮滑出，如图7－20所示。进一步检查发现鼓形齿轮内部螺塞松动，矩形抱箍紧固，如图7－21所示。

图 7—20　2021 刀闸 AB 相相间连杆鼓形齿轮

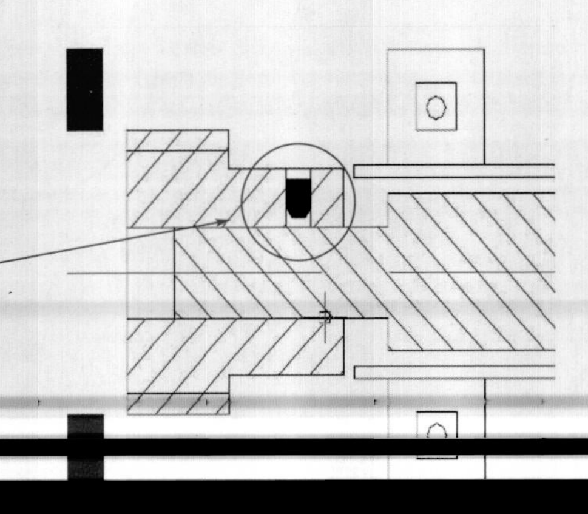

图 7—21　鼓形齿轮内部螺塞位置

[illegible]

体，发现 2021 刀闸 AB 相相间连杆靠 B 相无止退销，壳体内也未找到止退销，如图 7—

[illegible]

（2）分析结果

经现场解体检查分析，确认西开公司在 2021 刀闸相间传动轴的连接处工厂装配时[illegible]

[illegible]

度未达到设计标准。在长期运行中，传动轴端部鼓形齿轮脱离支座尼龙轮，导致隔离开[illegible]

[illegible]

外部机械、电气指示正确，而 BC 相气室内部动触头实际未合到位。故在拉开 2022 刀闸时，造成 BC 相带负荷拉刀闸，2022 刀闸气室内部对地放电。

综上，本次故障原因为 GIS 刀闸传动部件工厂装配质量缺陷引起的刀闸传动失效[illegible]

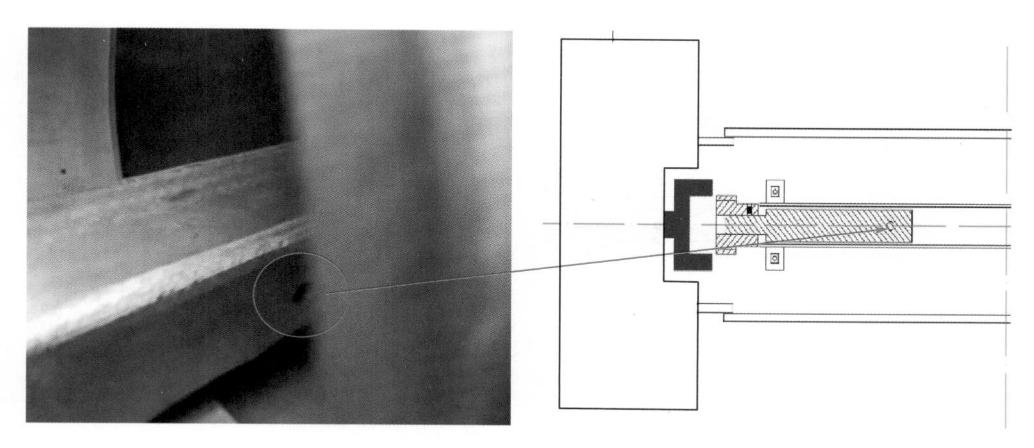

图7-22 2021刀闸AB相相间解体检查

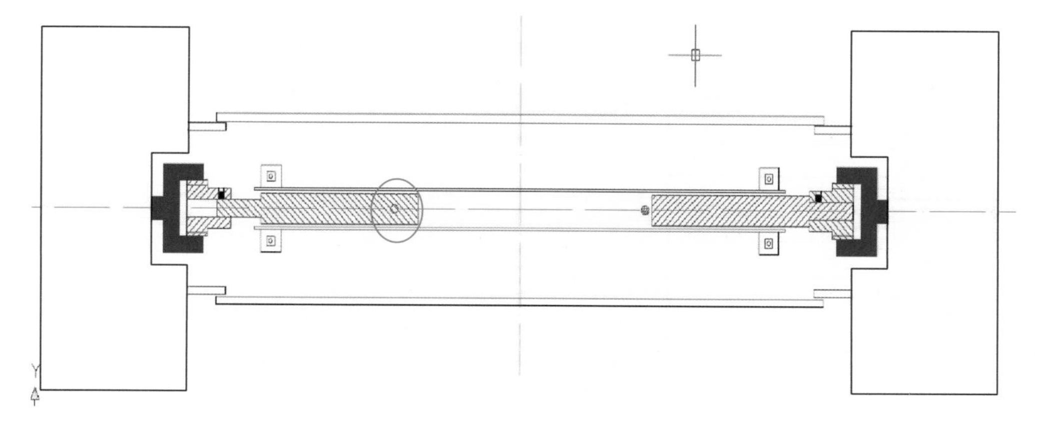

图7-23 2021刀闸工厂实际装配图

7.4.3 措施及建议

(1) GIS刀闸从动相一定要有分合闸指示。

(2) 加强GIS设备厂内监造，严把设备制造质量关口。

采取广泛，并取得显著的效果。我国电力系统是国内较早应用红外技术比较早的行业。近年随着先进的红外热成像仪的出现和红外检测水平的提高，以及电力行业标准《带电

路径在设备表面相关部位形成局部特征性热场分布或红外热像。当改变负荷电流时，其发热功率和表面红外热像也随之改变。因此，通过扫描记录设备表面的红外热像，不仅可以分辨设备内部导流回路中有无连接不良故障，而且可以判定内部连接故障的具体位置。根据设备表面温升值的大小，可以定量判定内部导流回路中连接故障的严重程度，对故障程度进行分等定级。这种发热称为电流效应引起的发热。

变了其电压分布或泄漏电流增加而使表面温度场发生异常。

（4）铁损是因铁芯的磁滞、涡流现象而产生的电能损耗，具有磁回路的高压电气设备，由于设计不合理或运行不正常而造成漏磁或环流，或者由于铁芯质量不佳或片间局部绝缘破损，引起短路环流和铁损增大，可分别导致铁制箱体涡流发热或铁芯局部过热。这种发热称为电磁效应引起的发热。电气设备存在外部或内部故障时，往往出现不正常的发热或温度分布异常。高压电气设备外部热故障可分为两类：一类是电气接头接触不良，其发热功率取决于导体连接的接触电阻和通过的电流；另一类是因表面污秽或机械力作用造成外绝缘性能下降，其发热功率取决于外绝缘的绝缘电阻和泄漏电流。高压电气设备内部热故障主要发生在导电回路和绝缘介质上，其内部发热机理因设备内部结构和运行状态的不同而异，一般可概括为导体连接或接触不良，介质损耗增大，电压分布不均匀或泄漏电流过大，因绝缘老化、受潮、缺油等产生局部放电等情况。

8.2　35 kV 刀闸瓷瓶发热案例

8.2.1　缺陷简述

2010 年 10 月 8 日，在 35 kV 某站的一次专业巡查中，通过红外测温发现 35 kV 某线路避雷器刀闸 5198＃C 相瓷瓶存在温度异常的情况，温度较高的部位已达 31.6℃（如图 8－1 所示），而正常部位的温度为 26.1℃。经过反复测试和分析，确定刀闸存在危急缺陷，立即将该只刀闸退出运行，并更换了新刀闸。

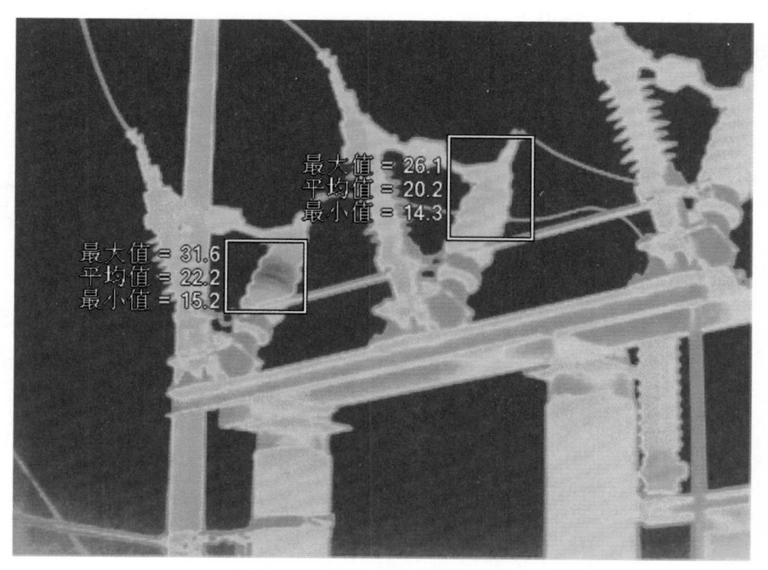

图 8－1　缺陷刀闸红外热像图

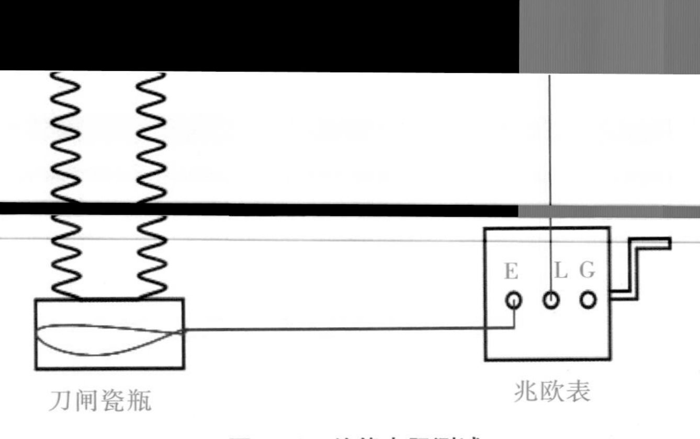

图 8-2　绝缘电阻测试

表 8-1　绝缘测试结果

试验分类	缺陷瓷瓶绝缘电阻	正常瓷瓶绝缘电阻
瓷瓶清洁前	58.6 MΩ	106 GΩ
瓷瓶清洁后	51.3 MΩ	

（2）耐压试验。

对清洁后的瓷瓶进行耐压试验，同时用红外热像仪观察温度变化情况，耐压时红外热像图如图 8-3 所示。

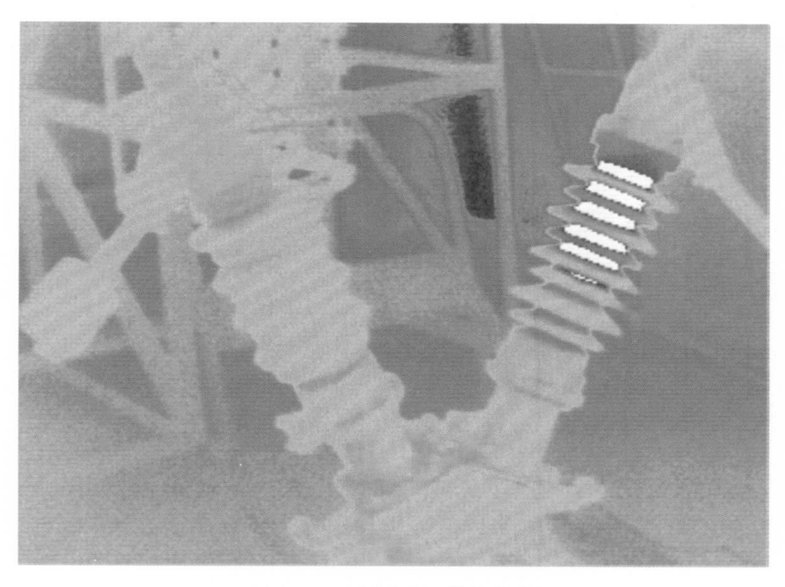

图 8－3　耐压时红外热像图

耐压试验结果见表 8－2，第一次耐压前后绝缘测试结果见表 8－3。

表 8－2　耐压试验结果

试验瓷瓶	试验电压	耐压装置二次电流、电压情况
正常瓷瓶耐压	72 kV/1 min 通过	电流几乎为零，电压稳定
发热瓷瓶耐压	72 kV/1 min 未通过	电流在 0～12 A 内剧烈波动，电压不稳定，放电声音较大

表 8－3　第一次耐压前后绝缘测试结果

试验分类	缺陷瓷瓶绝缘电阻
耐压前	43 MΩ
耐压后	52 MΩ

一天后对瓷瓶再次耐压，试验数据见表 8－4。

表 8－4　第二次耐压前后绝缘测试结果

试验分类	缺陷瓷瓶绝缘电阻
耐压前	1.5 MΩ
耐压后	51 MΩ

第二次耐压前，绝缘电阻极低，但经过耐压后绝缘电阻又恢复到第一次耐压时的水平。

（3）绝缘电阻分解测试。

由耐压试验时的红外热像图可以看出，瓷裙温度较低，越靠近瓷瓶内部，温度越高，说明缺陷很有可能在瓷瓶内部。因此，有必要对瓷瓶绝缘进行分解测试，根据实际情况，设计了如图 8－4 所示的测试方法，以确定缺陷的具体部位。通过这种方式测得的绝缘电阻高达 103 GΩ。

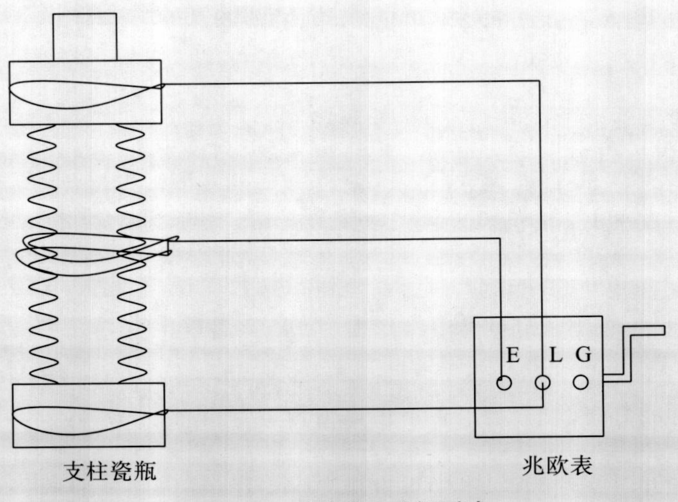

图 8-4 绝缘电阻分解测试

8.2.2.2 试验数据分析

从常规绝缘电阻测试发现绝缘很低，可能存在贯穿性的低阻通道。通过对瓷瓶表面进行清洁、处理，绝缘电阻仍然很低，但也不能就此排除表面的原因。耐压试验时，二次电流、电压波动很大，说明了瓷瓶存在间歇性放电现象。

瓷瓶绝缘电阻分解测试时可以采用内部电阻和外部电阻并联的模型，如图 8-5 所示。

R_1 为内部电阻，R_2、R_3 为表面电阻，由图 8－5 可以看出，R_1 被短接旁路，测试结果仅为 R_2、R_3 的并联电阻。由试验数据可以看出，表面绝缘电阻高达 103 GΩ，说明表面绝缘正常，因此，通过排除法，确定缺陷应该在瓷瓶内部，并且是贯穿性的低阻通道。从耐压时的红外热像图也间接证实了缺陷来自瓷瓶内部。

8.2.2.3　分析结果验证

为了验证分析结果，采用切割机对瓷瓶进行纵向剖切，其剖切图如图 8－6 所示。

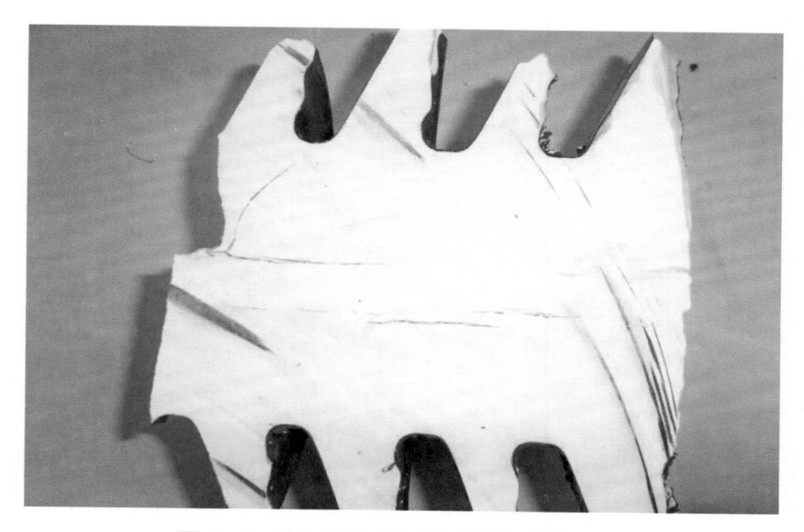

图 8－6　瓷瓶纵向剖切图（温度异常区域）

由图 8－7 可以看出，在瓷瓶中心确实存在多条裂纹，越靠近瓷瓶温度异常区域，裂纹越多，这和试验分析结果是一致的。

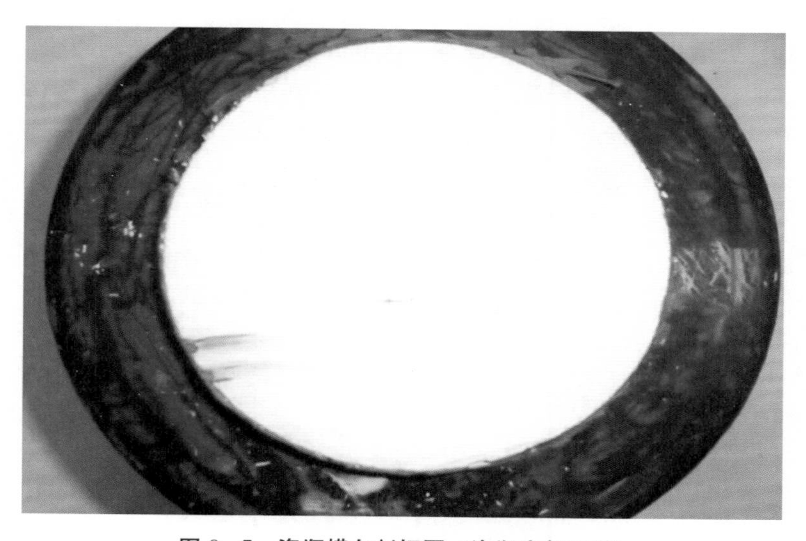

图 8－7　瓷瓶横向剖切图（瓷瓶底部区域）

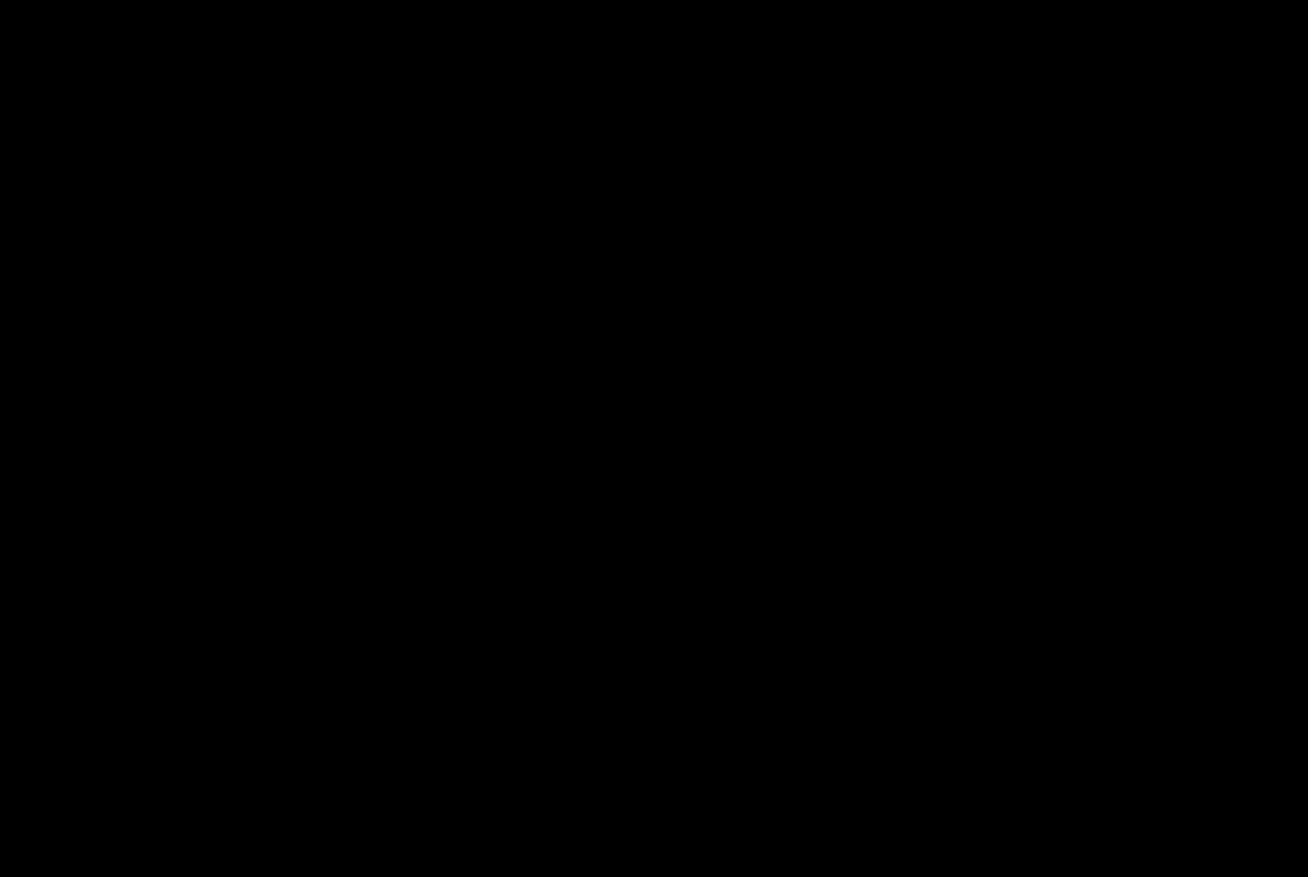

图 8－8 缺陷瓷瓶的等效电路模型

耐压时瓷瓶内部气隙在高压下击穿放电，放电导致试验电压降低，放电终止，瓷瓶内部气隙绝缘得以恢复，试验电压回升，当试验电压回升到放电电压值时，气隙又被击穿，又开始新一轮放电。因此，耐压设备二次电流、电压也相应地剧烈波动。放电导致瓷瓶内部温度升高，尤其是在瓷瓶顶部气隙越多的地方，放电越强烈，温度越高，当试验电压升高时，放电向瓷瓶下部气隙较小的区域扩散。相应地，从红外图谱上也反映出发热区域从瓷瓶顶部由上到下，从内而外，逐渐扩散。

由绝缘电阻的变化可以看出瓷瓶内部裂纹和外部环境存在连通通道，第一次耐压后，连通通道变得更大，使外部潮气进入瓷瓶内部。在第二次耐压时，瓷瓶温度升高，将瓷瓶干燥，排出潮气，绝缘又恢复到第一次耐压时的状况。

8.2.3 措施及建议

这次缺陷的处理及分析说明了红外测温对设备隐患排查具有重要意义。利用红外测温及图谱分析的手段，可以发现设备存在的绝缘缺陷。

8.3　主变低压套管压圈发热分析报告

8.3.1　缺陷简述

2011年8月3日，发现某变电站Ⅰ号主变10 kV侧套管附件发热，温度高达69.9℃。经现场核实，发现主变发热现象的背后存在多种复杂的原因，可能是由于内部连接不良引起发热，需立即对主变进行停电检查。

8.3.2　测试报告

测试报告见表8-5，其中，主变套管红外热像图如图8-9所示。

表8-5　测试报告

设备名称	主变低压侧套管				
检测日期	2011年8月3日	环境（温度、湿度、风速）		温度：37℃，湿度：58%	
缺陷部位	A、B、C三相低压套管压圈发热				
额定电流（A）	1732		负荷电流（A）	1153	
表面温度（℃）	85	正常相温度（℃）		参照体温度（℃）	
温升（K）			相对温差（%）		
缺陷性质（严重、危急）			严重		
仪器型号	FLUKE		辐射率	0.9	
 判断依据：DL 664—2008					
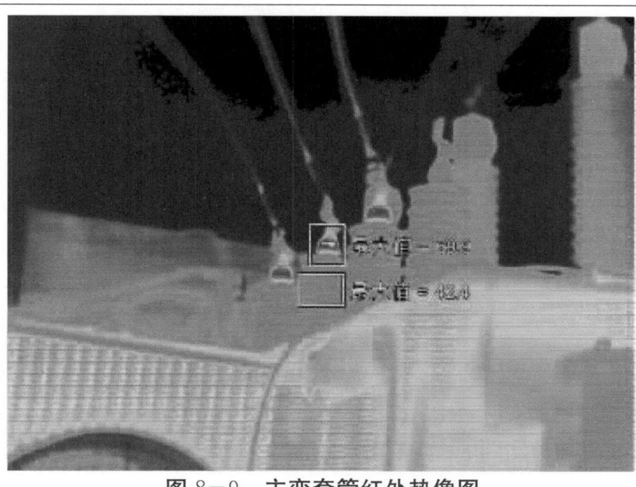 图8-9　主变套管红外热像图					

采用不合要求的材料引起的。2011 年 8 月 26 日，对主变低压侧套管附件进行导磁性试验和材质检查，证实了这台主变套管附件采用了不满足要求的材料引起发热。将套管附件更换为铜材质后，套管附件温度大幅下降，由处理前的 69.9℃变为 42.4℃，已不再发热。

由红外热像图可以看出，更换前金属附件和套管的温差为 25.5℃，金属附件最高温度为 69.9℃，如图 8—10 所示。更换后，金属附件和套管的温差为—5.3℃，金属附件最高温度为 47.6℃，如图 8—11 所示。

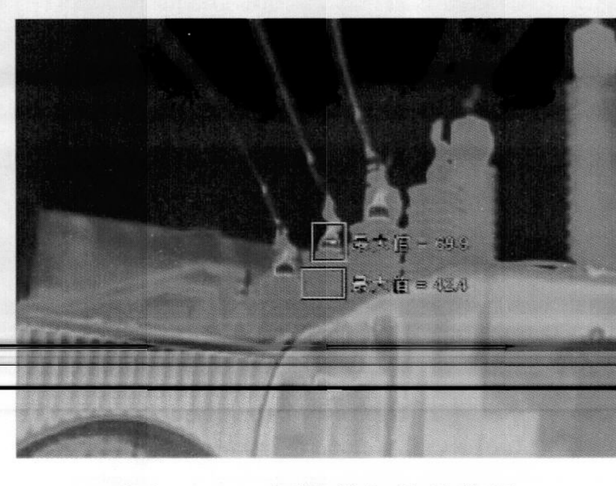

图 8—10　更换前红外热像图

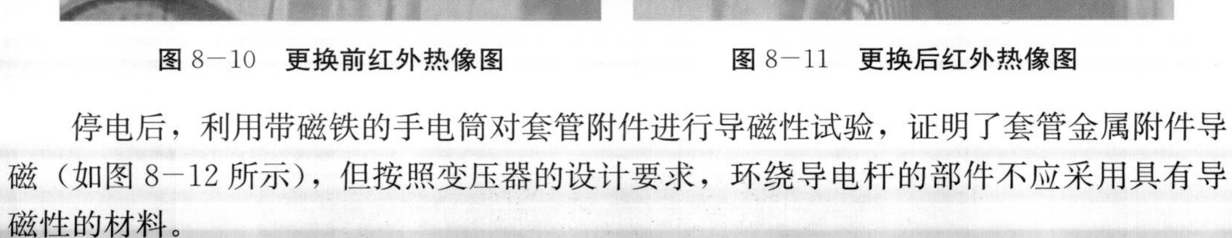

图 8—11　更换后红外热像图

停电后，利用带磁铁的手电筒对套管附件进行导磁性试验，证明了套管金属附件导磁（如图 8—12 所示），但按照变压器的设计要求，环绕导电杆的部件不应采用具有导磁性的材料。

图 8－12　停电后导磁性试验

对套管金属附件进行检查，确认厂家采用了具有导磁性的铸铁材料，如图 8－13 所示。

图 8－13　套管附件为铸铁材质

经调查，该厂家的同型号主变有 5 台变压器都存在同样的问题，应该是该厂家的这批次产品采用了导磁性较强的材料造成主变发热。

8.3.4　结论

该缺陷是由于厂家在制造过程中采用了不合格的材料而引起的涡流发热。

检测日期	[illegible]	环境温度/湿度	[illegible]
缺陷部位	主变套管		
额定电压（kV）	110	负荷电流（A）	2470

续表8－6

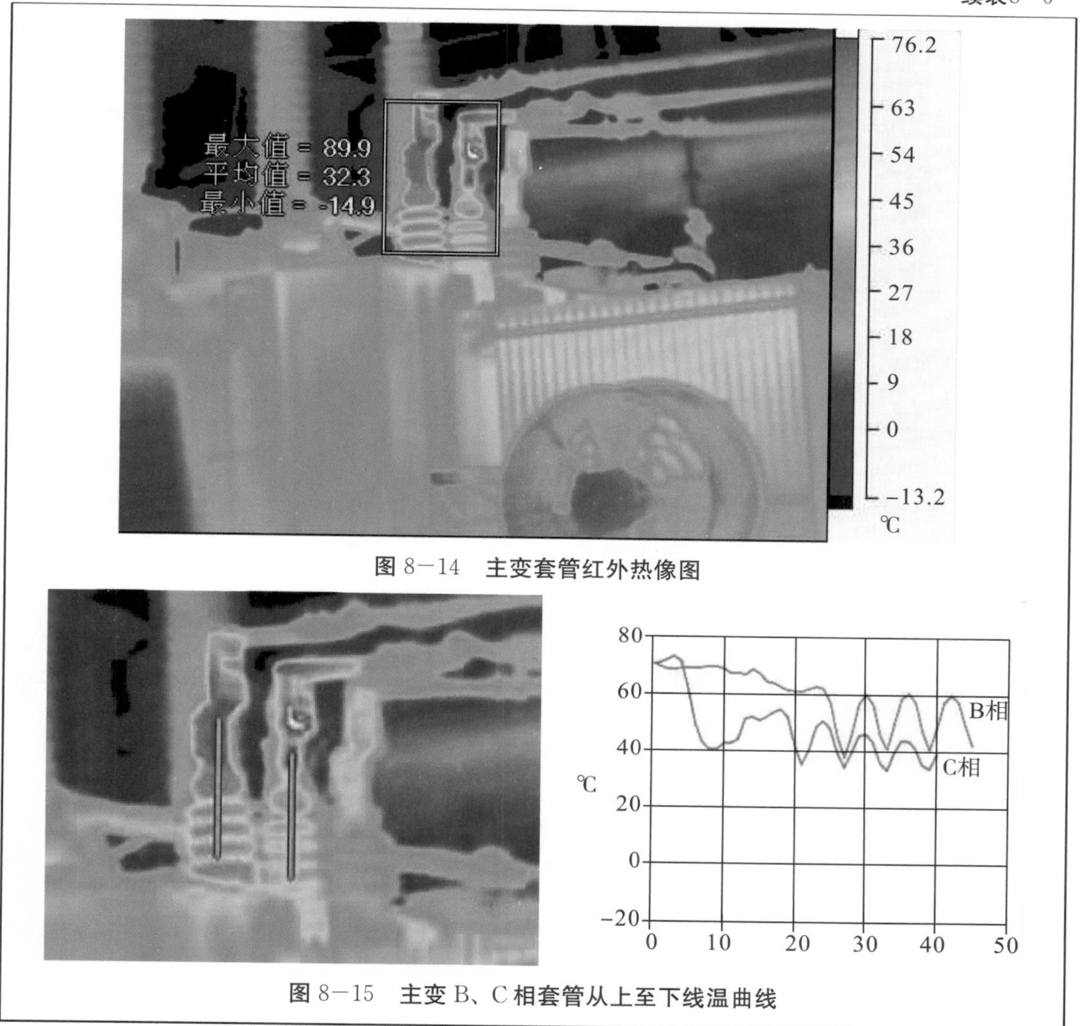

图8－14　主变套管红外热像图

图8－15　主变B、C相套管从上至下线温曲线

8.4.3　缺陷原因分析

由图8－14能清晰地看出变压器B、C两相母排与套管引顶部连接点均严重发热，B相发热最严重，最高温度达89.9℃。

变压器低压侧电压低，运行过程中流过的电流大，所以该发热为电流致热，发热的原因根据发热部位推断为连接点接触电阻偏大。

图8－14中B相套管红外热像图与C相套管红外热像图存在较大差异，因此对B、C两相进行线温分析，分析方法和结果如图8－15所示。由图8－15可以看出，C相套管温度明显高于B相，同时C相套管最高温度从上到下温度逐渐降低，而B相套管最高温度从上到下几乎保持不变。

位进行处理，处理后再次进行试验，试验结果见表 8—9

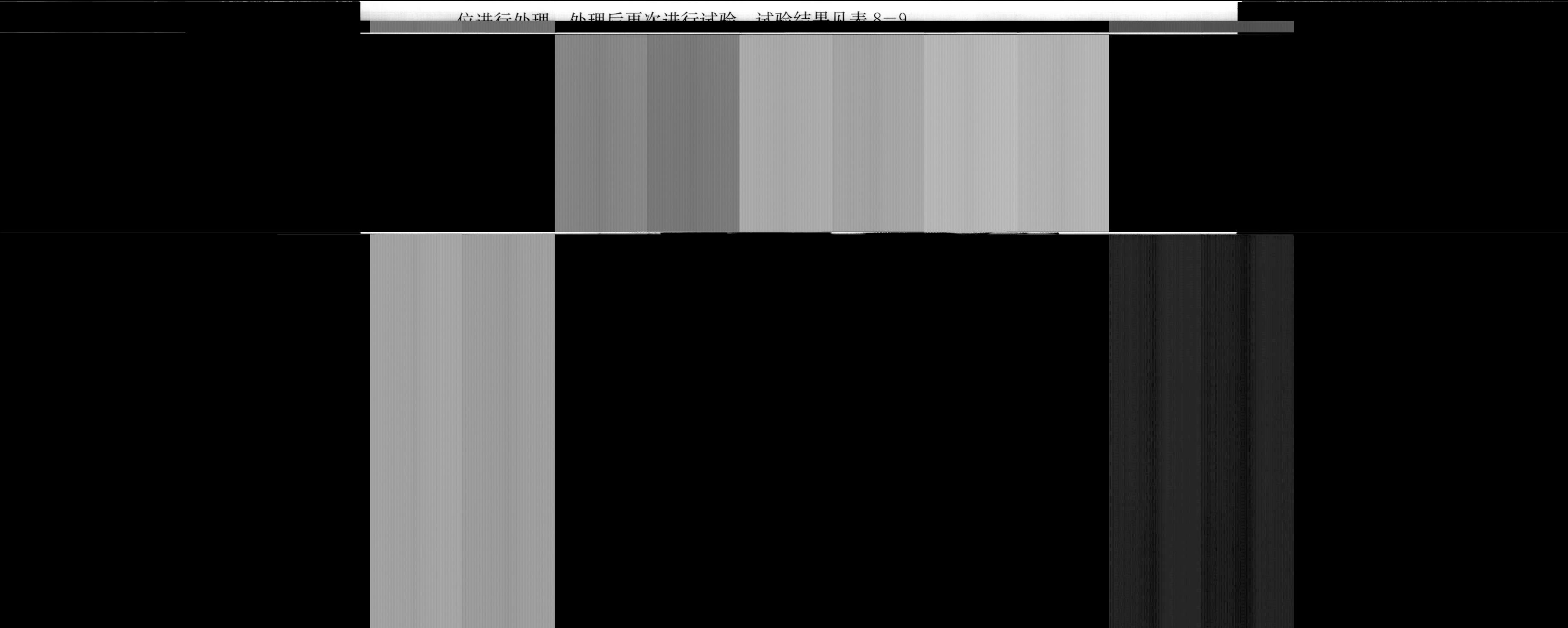

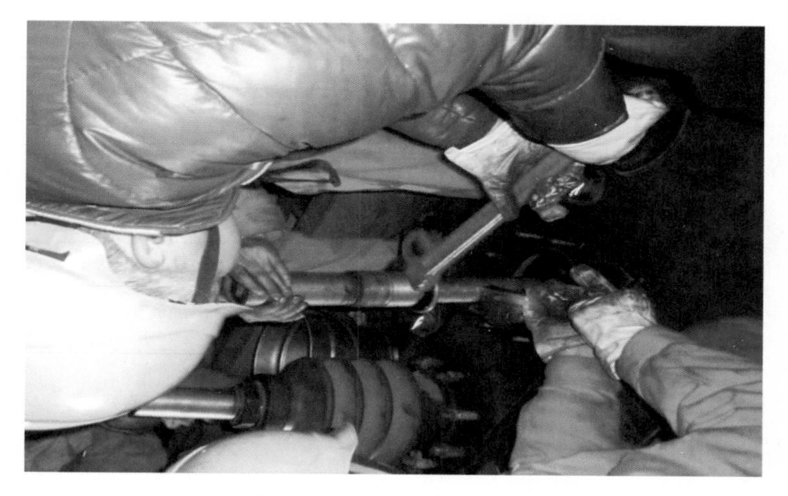

图 8－17　紧固松动部位（一）

图 8－18　紧固松动部位（二）

图 8－19　处理完毕后回装套管

表 8-9　处理后试验结果

部位	ab	bc	ca	偏差（%）
本次 R（mΩ）	5.633	5.557	5.593	0.65
折算后	a	b	c	偏差（%）
R（mΩ）	8.332	8.315	8.423	1.30

8.4.4　结论

该变压器 B 相套管发热是套管顶部连接点接触电阻过大引起的，而 C 相热源有两个：一是套管顶部接触电阻过大引起发热，二是套管内部连接处松动引起电阻偏大。

8.5　110 kV 线路避雷器发热缺陷分析报告

8.5.1　缺陷简述

2009 年 10 月 27 日，在电业局特巡红外测温时，发现某变电站线路避雷器存在温度不一致的情况，C 相最高温度已达 11.4℃，B 相最高温度为 10.2℃，温差达 1.2℃。根据《带电设备红外诊断应用规范》，在现场初步判断为严重缺陷。

8.5.2　测试报告

测试报告见表 8-10，其中，原始红外热像图如图 8-20 所示，软件处理后红外热像图如图 8-21 所示。

表 8-10　测试报告

<table>
<tr><td>设备名称</td><td colspan="5">避雷器</td></tr>
<tr><td>检测日期</td><td colspan="2">2009 年 10 月 27 日</td><td colspan="2">环境（温度、湿度、风速）</td><td>温度：7.3℃，湿度：80%</td></tr>
<tr><td>缺陷部位</td><td colspan="5">线路避雷器发热</td></tr>
<tr><td>额定电压（kV）</td><td colspan="2">110</td><td>负荷电流（A）</td><td colspan="2"></td></tr>
<tr><td>表面温度（℃）</td><td>11.4</td><td>正常相温度（℃）</td><td>10.6</td><td>参照体温度（℃）</td><td></td></tr>
<tr><td>温升（K）</td><td colspan="2">0.8</td><td>相对温差（%）</td><td colspan="2"></td></tr>
<tr><td colspan="3">缺陷性质（严重、危急）</td><td colspan="3">严重</td></tr>
<tr><td>仪器型号</td><td colspan="2">SAT</td><td>辐射率</td><td colspan="2">0.9</td></tr>
</table>

续表8－10

判断依据：DL 664—2008
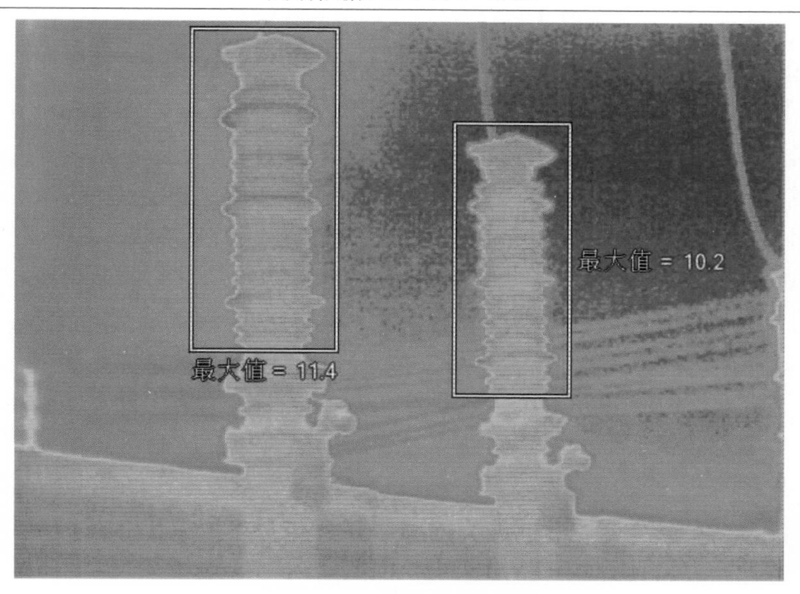 图 8－20 **原始红外热像图** 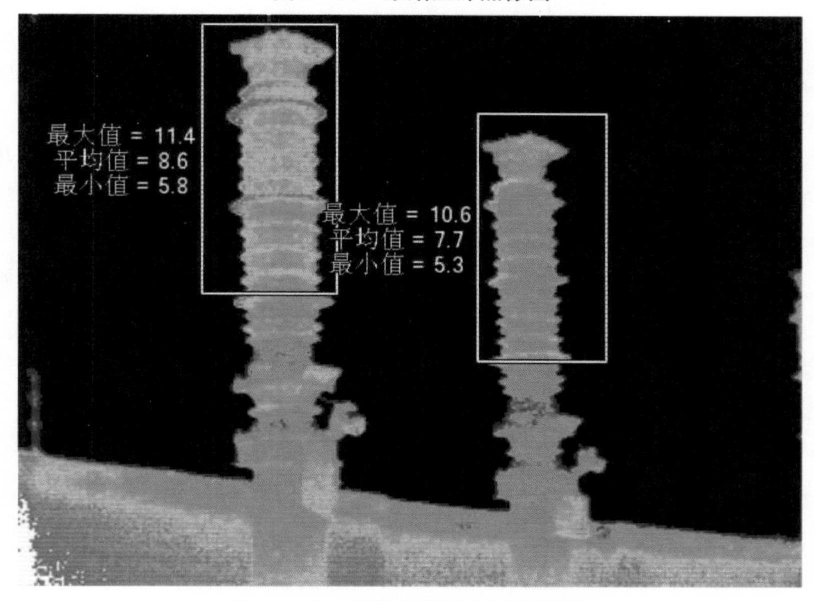 图 8－21 **软件处理后红外热像图**

8.5.3 缺陷原因分析

目前，电力系统所采用的氧化锌避雷器主要是无间隙氧化锌避雷器，由氧化锌阀片直接承受系统的运行电压。此类避雷器都是单柱式结构，瓷套体积较小。这种结构得益于氧化锌阀片的高涌流能力和极好的非线性。根据运行保护参数的设计，正常运行的无间隙氧化锌避雷器将有 0.5～1.0 mA 的工频电流流过，并且主要属于容性成分，阻性电流仅占 10%～20%，因此，无间隙氧化锌避雷器正常运行时消耗一定的功率，由于几何布置较均匀，外表发热也是整体性的。由于正常状态下的氧化锌避雷器有一定的阻性电流分量，所以热像特征表现为整体轻度发热。小型瓷套封装结构的最热点一般在中部偏上位置，且基本均匀；较大型瓷套封装结构的最热点通常靠近上部，不均匀程度较大。

氧化锌避雷器受潮主要是密封系统不良引起的。氧化锌避雷器受潮会大大增加本身的电导性能，阻性电流明显增大，由于多数氧化锌避雷器没有串联间隙，所以其阀片将长期承受工作电压的作用。氧化锌避雷器的阀片在小电流区域也有负的电阻温度系数，此外，氧化锌避雷器的体积较其他型式小，内部受潮后容易造成沿瓷套内壁或阀片侧面的沿面爬电，引起局部轻度发热，严重时会产生闪络击穿。对于多元件串联结构的氧化锌避雷器，当轻度受潮时，通常因氧化锌阀片电容较大而只导致受潮元件本身阻性电流增加并发热；当受潮严重时，阻性电流可能接近或超过容性电流，在受潮元件温升增加的同时，非受潮元件的功率损耗和发热开始明显，甚至超过受潮元件的相应值。

氧化锌避雷器受潮时的热像特征：对于单元件结构，表现为整体明显发热；对于多元件结构，受潮初期表现为故障元件自身发热增加，受潮严重后可引起非故障元件发热超过故障元件，当受潮故障进一步恶化时，还会伴有局部温升高于整体温升的现象。

发热避雷器可用测温软件对避雷器红外热像图进行进一步处理，精确分析。由软件处理后的红外热像图（如图 8－21 所示）可以看出，相间温差达 0.8℃。按照《带电设备红外软件诊断应用规范》，避雷器温差超过 0.5 就应该判为严重缺陷。

电气试验分析：对该组避雷器进行带电测试，试验数据见表 8－11。可以看出，A 相全电流和阻性电流都明显偏大，A 相全电流约为 B 相全电流的 1.6 倍，阻性电流为 0.347 mA，为 B 相阻性电流的 4.6 倍。由于 A 相带电测试数据异常，所以需停电进行检查。

表 8－11　避雷器带电测试数据

U=63.5 kV	试验日期：2009 年 10 月 28 日	
相别	阻性电流 I_r（mA）/角度（°）	全电流 I（mA）
A	0.347/75	1.213
B	0.075/85	0.735
C	0.079/85	0.762

可以看出，避雷器瓷瓶裙边温度最高，而芯体温度较低，显然发热部位不在阀片上。由于测量环境的湿度为80%，空气湿度较大，所以推断为表面脏污引起表面泄漏增加或局部轻微放电导致相间温度不一致。同时由表8－11可知A相阻性电流偏大，2009年11月5日，对该组避雷器停电进行例行试验，试验数据见表8－12、表8－13。表8－12为避雷器停电后未经任何处理直接对其进行测量，试验发现直流1 mA电压（U_{1mA}）基本合格，但是A相0.75 U_{1mA}电压下漏电流明显偏离规定值。但是从处理后的红外热像图分析，该避雷器发热部位为绝缘瓷群外部边缘，表面脏污引起发热的概率大于避雷器内部受潮等其他缺陷引起的发热，所以对避雷器进行清洗处理后再次试验，试验结果见表8－13。由清洗后的试验数据可以判断：U_{1mA}在清洗前后没有明显变化，但是清洗后三相避雷器的0.75 U_{1mA}电压下漏电流均已明显下降到合格范围内，同时本体的绝缘电阻也明显上升。试验判断避雷器合格，可以继续投入运行，投入运行后继续监测该组避雷器的温升，未发现任何异常，由此证实该避雷器温升是表面脏污潮湿引起泄漏电流增加而导致的。

表8－12　直接测试数据

	试验日期：2009年11月5日		
相别	U_{1mA}（kV）	0.75 U_{1mA}电压下漏电流（μA）	本体绝缘电阻R（GΩ）
A	163.4	96	5.8
B	163.1	43	10.4
C	162.6	41	20.7

表8－13　将表面脏污清洗后测试数据

	试验日期：2009年11月5日		
相别	U_{1mA}（kV）	0.75 U_{1mA}电压下漏电流（μA）	本体绝缘电阻R（GΩ）
A	163.3	20	56.6
B	163.1	15	48.1
C	162.7	16	69.5

8.5.4　结论

该缺陷是由于变电站所在地大气质量差，脏污聚集于绝缘表面，外加空气湿度较大，表面脏污湿润造成绝缘电阻下降，表面泄漏电流增大而引起的发热。

8.6 电抗器网门发热分析报告

8.6.1 缺陷简述

2010 年 9 月 3 日，某公司在红外测温过程中发现某变电站电抗器室电抗器网门温度异常，热点最高温度为 168.4℃，对应正常部位温度为 60.2℃，温差达 108.2℃。虽然电抗器网门为非运行、非带电设备，但是网门高温存在很多潜在威胁，因此必须停电处理。

8.6.2 测试报告

测试报告见表 8－14，其中，电抗器网门温度异常红外热像图如图 8－22、图 8－23 所示。

表 8－14　测试报告

<table>
<tr><td>设备名称</td><td colspan="6">电抗器网门</td></tr>
<tr><td>检测日期</td><td colspan="2">2010 年 9 月 3 日</td><td colspan="2">环境（温度、湿度、风速）</td><td colspan="2">温度：33.2℃，湿度：58%</td></tr>
<tr><td>缺陷部位</td><td colspan="6">电抗器网门</td></tr>
<tr><td>额定电压（kV）</td><td colspan="3"></td><td>负荷电流（A）</td><td colspan="2"></td></tr>
<tr><td>表面温度（℃）</td><td>168.4</td><td colspan="2">正常部位温度（℃）</td><td>60.2</td><td>参照体温度（℃）</td><td></td></tr>
<tr><td>温升（K）</td><td colspan="3">108.2</td><td>相对温差（%）</td><td colspan="2"></td></tr>
<tr><td colspan="4">缺陷性质（严重、危急）</td><td colspan="3"></td></tr>
<tr><td>仪器型号</td><td colspan="3">FLUKE</td><td>辐射率</td><td colspan="2">0.9</td></tr>
<tr><td colspan="7">判断依据：DL 664—2008</td></tr>
</table>

续表8－14

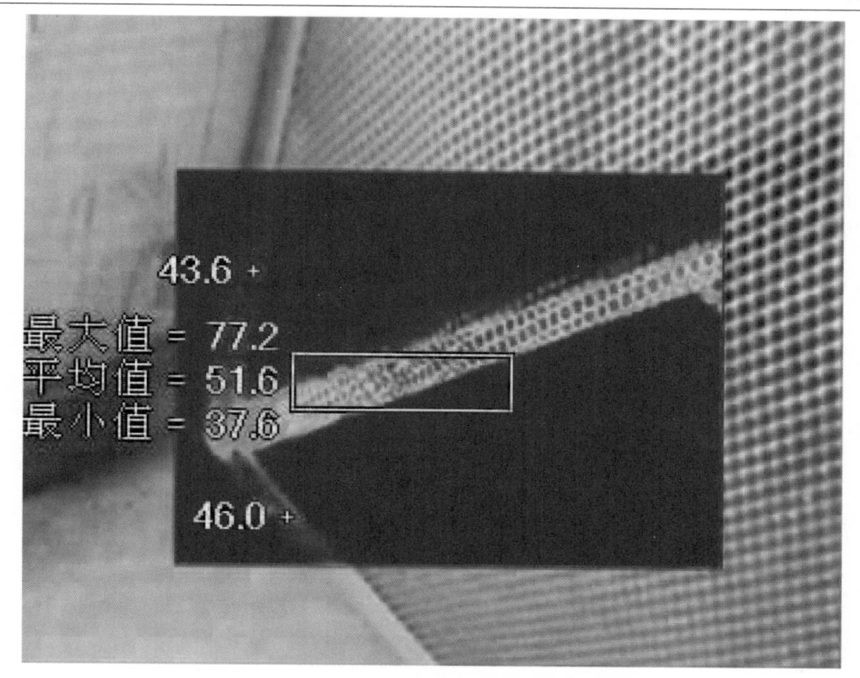

图 8－22　电抗器网门温度异常红外热像图（一）

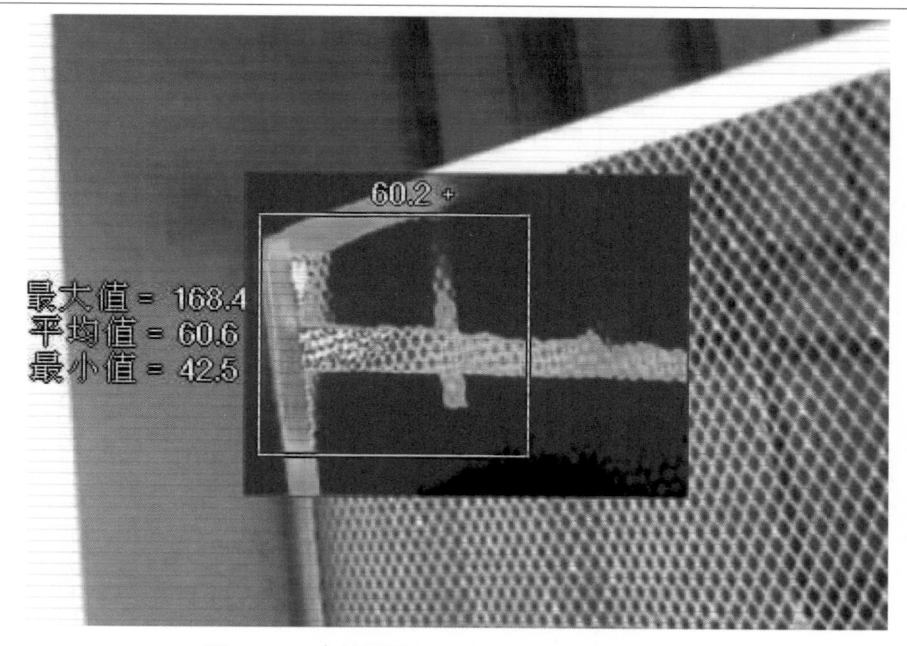

图 8－23　电抗器网门温度异常红外热像图（二）

8.6.3 缺陷原因分析

正常情况下，网门为非带电体，且网门在建造过程中均已可靠接地，网门电位为地电位，长期暴露于空气中，表面温度应接近于环境温度。但由红外热像图可知，该网门局部温度存在严重异常。该网门为金属材质，网门接地良好。该网门为电抗器网门，处于急剧变化的电磁环境中，网门孔为闭合环，电磁场变化在回环中感应出环流，引起网门发热。

8.6.4 结论

该发热网门存在闭合回路，在电抗器磁场作用下产生环流，引起发热。